AF629175

Eine neue Karte des Alto Chocó

(Kolumbien, Südamerika)
und deren Grundlagen

von

Dr. Joh. Kunst

Hamburg
L. Friederichsen & Co.
(Dr L. u. R. Friederichsen)
1913

Inhaltsverzeichnis.

Vorwort.

Vorliegende Arbeit hat ihren Ursprung in Studien, die unternommen wurden, um ein Urteil über die Aussichten des vor ca. 4 Jahren wieder aufgetauchten Projektes einer Verbindung der Südsee mit dem Atlantischen Ozean durch Vermittelung der Flüsse Atrato und Napipi zu gewinnen. Dabei überraschte es mich zu sehen, daß die Ergebnisse der vielen Kanalexpeditionen heute offenbar ganz in Vergessenheit geraten sind; als Beweis dafür führe ich nur an, daß das Hauptfeld der Untersuchungen für den geplanten Wasserweg, die Küstenkordillere des Stillen Ozeans, selbst von einer Autorität auf dem Gebiete südamerikanischer Länderkunde wie W. Sievers mit der Bemerkung abgetan wird, sie sei noch niemals Gegenstand ernstlicher Forschungsarbeiten gewesen.[1]) Auch Alfr. Hettner macht in einem Aufsatz über die Anden des westlichen Kolumbiens[2]) von den Ergebnissen der Kanalexpeditionen keinen Gebrauch, und Fr. Regel verwertet sie in seinem Werk über Kolumbien[3]) nur zu einem geringen Teil.

Den in Vergessenheit geratenen älteren Forschungen ist seither eine Reihe von jüngeren gefolgt, die aber noch zu keiner Gesamtdarstellung der das Tätigkeitsfeld der verschiedenen Expeditionen umfassenden Landschaft Alto Chocó verarbeitet worden sind. Ein solches Gesamtbild ist in kartographischer Hinsicht zwar durch die beiden Karten der Staaten Antioquia und Cauca von A. Codazzi gegeben, ist aber heute durchaus veraltet, da seine Entstehung noch in die Zeit vor den bedeutenderen Kanalexpeditionen fällt. Weil nun eine zuverlässige Karte die notwendige Grundlage fast jeder geographischen Arbeit bildet, so erschien mir als die wichtigste Vorbedingung für ein tieferes Eindringen in die geographischen Verhält-

[1]) Sievers, W.: Süd- und Mittelamerika. Leipzig und Wien 1903, S. 478.

[2]) Petermanns Mitteilungen 1893, S. 129.

[3]) Regel, Fr.: Kolumbien. Berlin o. J. (1898) S. 12.

nisse des Alto Chocó eine kritische Verarbeitung des vorhandenen kartographischen Materials zu einer neuen Karte.

Die Lösung dieser Aufgabe ist der Hauptzweck der vorliegenden Dissertation; daneben ist in dem Kapitel „Erforschungsgeschichte“ schon auf eine für später geplante Darstellung der topographischen und geologischen Verhältnisse Rücksicht genommen.

Außer Herrn Prof. Meinardus, unter dessen Leitung diese Arbeit zustande kam, bin ich für freundliche Unterstützung noch der Gesellschaft für Erdkunde zu Berlin zu großem Dank verpflichtet, fernerhin der Geogr. Anstalt von Justus Perthes in Gotha sowie Sr. Exzellenz dem Gesandten der kolumbischen Republik Herrn Dr. G. Michelsen und Herrn Generalkonsul H. Jalhay in Brüssel.

I. Lage, Grenzen, allgemeiner Landescharakter, Größe.

An die in zwei Ketten aus Ecuador nach Kolumbien hineinstreichende Kordillere der Anden schart etwa unter 1° n. Br. im sog. Gebirgsknoten von Pasto ein dritter Bergzug an, so daß ein dreiteiliges System entsteht, dessen einzelne Zweige als Ostkordillere oder Cordillera de Bogotá oder de Sumapaz, als Zentralkordillere oder Cordillera del Quindiú und endlich als Westkordillere oder Cordillera del Chocó benannt werden.

Die letztere zieht zunächst als sehr geschlossene Kette mit einem westlich ihr vorgelagerten Bergvorland nach Norden und beginnt dann im Cerro Plateado de Concordia sich in mehrere ebenbürtige Kämme zu teilen, die zwischen sich das sog. Hochplateau des Chocó einschließen. Der wasserscheidende Kamm setzt die meridionale Richtung der ungeteilten Kette fort, um etwa unter $9^1/_4{}^0$ n. Br. in ein wenig bekanntes System von Ausläufern überzugehen. Das westlich dieser Wasserscheide und ihres in der Punta Arboletes ans Karibische Meer herantretenden Ausläufers gelegene Gebiet wird seit den Tagen der Conquista mit dem einheitlichen Namen Chocó[4]) bezeichnet und ist von dem östlich davon gelegenen Cauca-Tal in mancher Hinsicht unterschieden, vor allem durch größeren Reichtum an Niederschlägen und infolgedessen auch durch eine viel geschlossenere und üppigere Vegetationsdecke.

Die Westgrenze des langgestreckten Chocógebiets wird größtenteils vom Stillen Ozean gebildet, dessen Küste etwa vom 4° n. Br. an nordwärts in wechselnder Entfernung von einem Hügelzug, der

[4]) Über die Bedeutung des Namens Chocó ist mir nichts bekannt geworden; außerhalb der Landschaft Chocó kommt er noch als Bezeichnung für einen zum Cauca gehenden kleinen Bach, ferner für eine Felsgruppe auf dem Hochland von Antioquia in der Zentralkordillere und endlich für einen von der Ostkordillere kommenden Nebenfluß des mittleren Rio Magdalena vor.

Cordillera de Baudó oder del Buey, begleitet wird; die von diesem Hügelzug mit der Westkordillere eingeschlossene Landschaft wird als Alto Chocó (Hochchocó) von dem südlicher gelegenen Bajo Chocó (Niederchocó) unterschieden und bildet den Gegenstand dieser Arbeit.

Als Südgrenze des Alto Chocó gilt ein niedriger Ausläufer der Westkordillere, der das Einzugsgebiet des Rio San Juan von dem der Zuflüsse der Bai von Buenaventura scheidet, aber nur an einer einzigen Stelle seiner Lage nach bekannt ist, so daß wir wohl am besten den 4. Grad n. Br. als Grenze annehmen.

Nachdem im Westen, wie schon angedeutet, der Stille Ozean die Grenze bis zur Punta Ardita nordwärts gebildet hat, verläuft die Trennungslinie zwischen den natürlichen Landschaften Chocó und Darien oder den Staaten Kolumbien und Panamá zunächst eine kurze Strecke landeinwärts nach Osten bis zu den einen noch ganz ungeklärten Begriff darstellenden sog. Altos de Aspavé und folgt dann bis zum Kap Tiburón am Karibischen Meer dem wasserscheidenden Kamme der Kordillere des Isthmus von Panamá, die in den Altos de Aspavé an die Kordillere von Baudó anschart. In unserer Arbeit ist diese in politischer, hydrographischer und ethnographischer Hinsicht scharf ausgeprägte Grenze überschritten worden, indem die nördlichen Verzweigungen der Kordillere von Baudó bis zu ihrem Erlöschen am Golf von San Miguel ins Gebiet von Darien verfolgt sind.

Nach Norden hin wird der Chocó vom Kap Tiburón bis zur Punta Arboletes durch das Antillenmeer mit dem tief einschneidenden Golf von Urabá oder von Darien begrenzt.

Politisch zerfällt der Alto Chocó heute in das Departamento Quibdó, das während des letzten Jahrhunderts einen Teil des Staates oder Departamentos [5]) Cauca bildete, und in einen kleineren, dem Departamento Antioquia zugehörigen Teil.

Hinsichtlich seiner Bodengestaltung setzt sich der Alto Chocó, wie schon aus dem oben Gesagten hervorgeht, aus einem mächtigen Bergland im Osten und einem meist niedrigen Hügelland im Westen zusammen, zwischen denen als drittes Glied ein durchgehends nur schmaler Streifen von größtenteils sumpfigem Alluvialboden liegt, der durch die niedrige Talwasserscheide des sog.

[5]) Als Staat oder Departamento bezeichnet je nach der gerade geltenden föderativen oder zentralistischen Verfassung des Gesamtstaates Kolumbien.

Isthmus von San Pablo in die Gebiete des nordwärts strömenden Atrato und des südwärts gerichteten San Juan geteilt wird.

Die Bodenbedeckung bildet überall ein dichter Tropenwald, der natürliche Lichtungen nur an einzelnen gar zu sumpfigen Stellen in den Niederungen und oberhalb der Baumgrenze in der Westkordillere aufweist; außerdem sind Rodungen von sehr kleinem Maßstabe nahe den wenigen und unbedeutenden Siedlungen vorhanden.

Der Flächeninhalt des Alto Chocó wurde von mir unter Zugrundelegung meiner Karte auf 60 080 qkm berechnet; daß diese Zahl wahrscheinlich nur einen Näherungswert darstellt, ergibt sich aus der später zu besprechenden Eigenart des zur Verwendung gekommenen kartographischen Materials von selbst (vergl. S. 55).

II. Entdeckungs- und Erforschungsgeschichte.

In der Geschichte der geographischen Erkenntnis des Alto Chocó können wir drei Hauptabschnitte unterscheiden, nämlich erstens die Zeit der ersten Entdeckungsfahrten im Lande und der großen Eroberungskämpfe[6]) mit den Eingeborenen, die von 1500 bis etwa 1557 zu rechnen ist, dann die Periode der allmählichen Besiedelung des Landes, die auch heute noch nicht abgeschlossen ist, und endlich drittens die Zeit der wissenschaftlichen Forschungsreisen, die seit dem Beginn des 19. Jahrhunderts mit der Besiedelung Hand in Hand gehen.

A. Die Zeit der Conquista.

Der erste Europäer, dessen Auge die Küste des Chocó am Golf von Urabá erblickte, war Rodrigo de Bastidas, einer der sog. kleinen Entdecker, dessen Expedition die nördlichen Gestade von Südamerika in den Jahren 1500—1501 befuhr. Auch der Entdecker der Neuen Welt, Kolumbus selbst, gelangte auf seiner vierten Reise 1503 bis in die Gegend des Golfs von Darien, und im folgenden Jahre mußten die Mannschaften mehrerer gestrandeter Schiffe der Geschwader von Cristobal und Luis Guerra und Juan de la Cosa, dem Autor der ersten Karte von Amerika, einen unfreiwilligen Aufenthalt von $^3/_4$ Jahren an den fieberhauchenden Küsten des Meerbusens nehmen.

Die ersten Besiedelungsversuche nahmen bereits ihren Anfang, nachdem im Jahre 1508 Diego de Nicuesa die Gestadeländer von Honduras bis an den Atrato und Alonzo de Hojeda

[6]) Diese für unser Thema wenig bedeutende Periode ist von mir nicht quellenmäßig bearbeitet, sondern ihre Darstellung beruht auf Kretschmer, Entdeckung Amerikas, Berlin o. J. (1892); Sophus Ruge: Das Zeitalter der Entdeckungen, Berlin 1881; Vergara y Velasco, F. J.: Nueva Geografía de Colombia, Bogotá 1901, und Uribe Angel, M.: Geografía general y compendio historico del Estado de Antioquia en Colombia. Paris 1885.

das Gebiet östlich dieses Stromes bis an die Boca Ceniza des Rio Magdalena überwiesen erhalten hatten, letzteres unter dem Namen Neu-Andalusien. Hojeda gründete 1510 am östlichen Ufer des Golfs von Urabá die befestigte Niederlassung San Sebastian de Urabá, deren Lage Codazzi am heutigen Rio Ocobo verzeichnet. Schon nach kurzer Zeit wurde Hojeda durch Hunger gezwungen, mit einem Teil seiner Leute zur Herbeischaffung von Lebensmitteln nach Española (Haiti) überzusetzen; er ließ Pizarro, den späteren Eroberer von Peru, als Stellvertreter zurück und gab ihm den Auftrag, die Kolonie nach einer bestimmten Frist aufzulösen, wenn Hojeda bis dahin nicht zurückgekehrt sei. Nach vergeblichem Warten schiffte Pizarro wirklich seine Leute zur Umkehr ein, traf aber am Eingang des Golfs von Urabá auf die schiffbrüchige Expedition von Martin Fernandez de Encizo, der ihn zur Rückkehr nach San Sebastian überredete. Bei der Ankunft fand man die Niederlassung jedoch schon von den Indianern zerstört und folgte deshalb dem Vorschlag Francisco Balboas, des späteren Entdeckers der Südsee, die Kolonie an das gegenüberliegende Ufer des Golfes zu verlegen, wo sie „am Rio Grande del Darien" unter dem Namen Santa Maria la Antigua wieder erstand.

Unter dem Rio Grande del Darien kann hier nur der Atrato verstanden sein, und die Kolonie lag nach der gewöhnlichen Annahme am linken Ufer des Rio Tanela, dessen Ausfluß unmittelbar vor der Hauptmündung des Atrato liegt, und der einen Arm in dessen Delta entsendet; bei Annahme der heutigen geographischen Verhältnisse für die Zeit der Gründung kann der Ort allerdings kaum anderswo gelegen haben, aber es ist zu berücksichtigen, daß das Atratodelta damals sicher noch nicht so weit nach Norden vorgerückt war als heute. Vielleicht ist der Unterschied zwischen damals und jetzt ein bedeutender, da das Atratodelta im seichten Golf von Darien rasch an Ausdehnung zu gewinnen scheint.

Die Abenteurerbevölkerung von Santa Maria la Antigua füllte ihre Zeit meist mit inneren Streitigkeiten und Raubzügen in die benachbarten Gebiete aus, ohne sich um Ackerbau u. dergl. zu kümmern. Am 1. Sept. 1513 trat sodann Balboa von hier aus seinen denkwürdigen Zug an, der ihn zur Entdeckung der Südsee führte, doch begann der eigentliche Landmarsch außerhalb unseres Gebietes, im Norden des heutigen Kaps Tiburón. Man suchte in der Folge eine gesicherte Verbindung mit dem Stillen Ozean aufrechtzuerhalten, und Santa Maria la Antigua spielte eine kurze Zeit die Rolle des erst später gegründeten Panamá.

Im Jahre 1514 erfuhr die Kolonie eine bedeutende Verstärkung durch eine mit dem neuen Statthalter Pedrarias Dávila ankommende zahlreiche Abenteurerschar, aber nach der Gründung von Panama begann sie seit 1521 zu veröden und wurde schon 1524 ganz aufgegeben, nachdem in den vorhergehenden Jahren zahlreiche Raubzüge von ihr ausgegangen waren, deren bedeutendste den goldberühmten Tempel von Dabeibe zum Ziel hatten, aber an dem erbitterten Widerstand der Indianer scheiterten.

An der Südseeküste kam Almagro 1524 bis zur Mündung des Rio San Juan, und Pizarro plünderte 1526 in derselben Gegend ein Indianerdorf, dessen Goldbeute wesentlich zur Ermöglichung seines Zuges nach Peru beitrug.

Ein neuer Abschnitt in der Geschichte des Chocó, die Zeit der eigentlichen Eroberung, beginnt etwa ein Jahrzehnt später mit der Gründung von San Sebastian de Buenavista durch Alonzo de Heredia; das Städtchen fand seinen Platz nahe dem zerstörten San Sebastian de Urabá. Die von hier ausgehenden Züge ins Innere hatten zunächst wieder als Ziel den sagenhaften, angeblich goldgedeckten Tempel von Dabeibe [7]), den Uribe Angel auf seiner Karte der Entdeckungsreisen in Antioquia [8]) an den Westabhang der Sierra de Abibe verlegt. Um ihn zu erreichen, schiffte sich 1536 Pedro de Heredia, Bruder und Vorgesetzter des Gründers von San Sebastian de Buenavista, auf dem Atrato ein und fuhr den Strom eine Strecke weit hinauf, bemühte sich dann aber vergebens, mit seinen 60 Reitern und 150 Fußgängern die urwaldbedeckten Moräste der Atratoniederung zu überwinden und mußte mit seiner stark gelichteten Schar nach San Sebastian zurückkehren.

Sein Unterbefehlshaber Francisco César schlug noch im selben Jahr eine weiter östlich gelegene Route ein, die ihn über die Ausläufer der Sierra de Abibe nach neunmonatlichen unendlichen Mühen in das Tal von Huacá führte, das wohl nur am oberen Rio Sucio oder an einem von dessen Quell- und Nebenflüssen zu suchen ist. Von überlegenen indianischen Streitkräften bedroht, mußte César hier den Rückweg antreten, der über den beim Hermarsch im Urwald ausgehauenen Pfad schon in 17 Tagen bewerkstelligt werden konnte.

---

[7]) Zwei Orte dieses Namens, nämlich Dabeiba Vieja und Dabeiba Nueva, existieren noch heute im Tal des oberen Rio Sucio, und es scheint mir manches dafür zu sprechen, daß der erstere mit dem alten Tempel in Zusammenhang zu bringen ist.

[8]) In Uribe Angel, M.: Geografia general etc.

Noch weiter östlich scheint die Route von Juan Badillo gelegen zu haben, der 1539 in das Tal von Nore vordrang, das H. White und ihm folgend Fr. Regel[9]) in dem heutigen Tal von Frontino wiedererkennen; von dort aus überstieg Badillo den Hauptkamm der Westkordillere nach Buriticá im Tal des Cauca, und derselbe Weg wurde in den folgenden Jahren mehrfach benutzt, so 1540 von Luis Bernal und Juan Graciano, dann 1542 von Robledo und im gleichen Jahr von Pedro de Heredia und endlich 1546 nochmals von Robledo.

Die meisten dieser Conquistadoren waren von starken Scharen begleitet, worunter sich auch zahlreiche Reiter befanden, deren Durchzug durch das außerordentlich stark gebrochene und dazu vom dichtesten Urwald bedeckte Terrain heute ganz unbegreiflich erscheint.

Die eigentliche Periode der Eroberung schließt etwa mit dem Zuge von Gomez Fernandez, der 1557 in der Gegend des heutigen Urrao schwere Kämpfe mit dem Kaziken Toné zu bestehen hatte und schließlich auf irgend einem Flußwege das Meer und San Sebastian erreichte.

Wir sind über diese Periode gut unterrichtet durch die Aufzeichnungen mehrerer Teilnehmer an den Entdeckungs- und Eroberungszügen, so von Andagoya[10]), Pedro Cieza de Leon[11]), Sansela[12]) und durch einen Brief von Balboa[13]) an Karl V; diese Schriften enthalten wertvolle Angaben über die Ureinwohner des Alto Chocó und über die allgemeine Landesnatur, aber für die genauere topographische Erkenntnis der Landschaft sind sie so gut wie wertlos, da die in ihnen gebrauchten Namen nicht mehr zu identifizieren sind.

---

[9]) Vergl. Regel, Fr.: Reisebriefe aus Kolumbien. Naturw. Wochenschrift. 1897, S. 314.

[10]) Andagoya, Pascual de: Narrative of the proceedings of Pedrarias Davila in the provinces of Tierra Firme or Castilla de Oro, and of the discovery of the South Sea and the Coast of Perú and Nicaragua. Translated and edited, with notes and an introduction, by Clements R. Markham. London 1865. Works issued by the Hakluyt Society Nr. 34.

[11]) Cieza de Leon, Pedro: Travels of Pedro Cieza de Leon. A. D. 1532—50, contained in the first part of his Chronicle of Peru. Translated and edited. . . . by Clements R. Markham. London 1864. Hakl. Society 33.

[12]) Sansela, J. B.: Relation de ce qui est arrivé au magnifique seigneur le capitaine Georges Robledo dans son expédition de découverte de la province d'Antioquia, en l'année 1540. — Traduit de l'espagnol sur le manuscrit inédit de la bibliothèque de Mr. Ternaux Compans. — Nouvelles Annales des Voyages, 5me série, 1853, IV, p. 223, 1854, I, p. 34.

[13]) In der Einleitung zu Andagoya, Narrative etc.

Die Periode der Entdeckung und Eroberung ist hier nur deshalb eingehender behandelt, weil sie gleichsam die klassische Zeit der Erforschungsgeschichte darstellt.

B. Die allmähliche Besiedelung.

Die folgenden $2^1/_2$ Jahrhunderte, die durch die allmähliche Besiedelung des Landes und die „Zivilisierung" der Reste der Ureinwohner charakterisiert sind, haben in geographischer Hinsicht kaum etwas Bemerkenswertes hervorgebracht. Die Besiedelung, soweit man von einer solchen überhaupt reden kann, erfolgte von Antioquia und vom oberen Caucatal her und hatte im allgemeinen nur die Ausbeutung der Goldminen zum Ziel. Im sog. Hochplateau des Chocó gründete die kräftige, aus einer Mischung sehr kriegerischer Indianer mit den weißen Eroberern hervorgegangene und mit überwiegend kaukasischen Charakterzügen ausgestattete Bevölkerung von Antioquia die drei kleinen Siedelungen Urrao, Frontino und Cañas Gordas; in den übrigen Landesteilen und besonders an der Wasserscheide zwischen Atrato und San Juan ließen reiche spanische Familien, die ihren Wohnsitz meist in den Städten des Caucatals hatten, die ergiebigen Goldfundstätten durch große Scharen schwarzer Sklaven bearbeiten und legten so den Grund zu der noch heute fast ausschließlich aus Negern und Zambos bestehenden Bevölkerung.

C. Die wissenschaftliche Erforschung.

Die eigentliche Erforschungsgeschichte im wissenschaftlichen Sinne können wir erst vom Beginn des 19. Jahrhunderts an datieren, wo der Antioqueñer J. M. Restrepo eine kurze Beschreibung[14]) seiner Heimatprovinz, die auch einen Teil des Chocó umfaßt, nebst einer Karte[15]) davon veröffentlichte. Der große Al. v. Humboldt[16]) hat zwar ebenso wie der Franzose Mollien[17]) den

---

[14]) Deutsch in der Hertha II, H. 2 (1826).

[15]) Restrepo, J. M.: Mapa de la provincia de Antioquia en la república de Colombia y de sus minerales, formado con arreglo á observaciones astronómicas, rumbos y operaciones geodésicos. Publicado por Carlos Hauswolff, Londres 1824. Auch erschienen als Blatt 25 von Al. von Humboldt, Atlas géographique et physique du Nouveau Continent.

[16]) Humboldt, Al. v.: Über die Provinz Antioquia und die neuentdeckte Lagerstätte der Platina auf Gängen. (Mit einem Auszug aus einem Brief von Boussingault.) Hertha 7. (1826).

Außerdem gelegentliche Bemerkungen in anderen Werken verstreut.

[17]) Mollien, A.: Voyage dans la République de Colombie en 1823. 2 Bände. Paris 1824.

Alto Chocó selbst nicht betreten, doch konnten beide nach Erkundigungen bei ortskundigen Personen manches für die damalige Zeit Bemerkenswerte, wenn auch manchmal Unzutreffende und heute Veraltete berichten. Dagegen kam Boussingault[18]) auf zwei kurzen Reisen wirklich in unser Gebiet hinein, und zwar gelangte er zunächst von Supia im Caucatal bis Nóvita und drang das zweite Mal von Antioquia bis Cañas Gordas vor. Seine Berichte sind sehr kurz gefaßt und dürftig, und dasselbe gilt in noch weit höherem Maße von denen des Engländers Cochrane[19]), der auf dem Wege Boussingaults von Cartago nach Nóvita gelangte, dann über den San Juan und den sog. Isthmus von San Pablo zum Rio Quito und Atrato vordrang und auf letzterem zum Meere hinabfuhr.

Viel wichtiger sind die Arbeiten des Schweden C. de Greiff, der den antioqueñischen Teil der Westkordillere und besonders die südwestlichen Randberge des mittleren Tals des Rio Sucio zu Wegebauzwecken studierte, aber leider außer einer heute anscheinend ganz verschollenen Karte[20]) nichts für unser Thema in Betracht Kommendes veröffentlicht hat.

Auf dieselbe Gegend erstreckten sich zum Teil auch die Aufnahmen Agustin Codazzi's, des größten Geographen des Chocó und Kolumbiens überhaupt.[21]) Dieser in der geographischen Geschichte Kolumbiens bislang unerreicht dastehende Italiener hatte als junger Artillerieoffizier an den letzten Feldzügen der napoleonischen Kriege teilgenommen, focht dann auf den Kaperschiffen der aufständischen Südamerikaner gegen Spanien und kam bereits 1819 in einer gefährlichen diplomatischen Mission in den Chocó; er ging auf dieser für die Geographie unfruchtbar gebliebenen Reise den Atrato aufwärts und gelangte über Nóvita und die Westkordillere ins Caucatal und nach Bogotá. Nach Beendigung der Kriegswirren entwarf er in mehrjähriger Arbeit eine Karte des heutigen Venezuela, stieg dann zum Ingenieurobersten und Direktor der Kriegsschule zu Bogotá auf und wurde 1849 vom Kongreß von Neu-Granada, wie sich damals die heutige Republik Kolumbien nannte, mit der Konstruktion von Karten der neun Staaten der Republik beauftragt; er wurde bei dieser Arbeit

---

[18]) Vergl. Anm. 16.

[19]) Cochrane, Ch. St.: Journal of a residence and travels in Colombia during the years 1823 and 1824. 2 vols. London 1825.

[20]) Greiff, C. de: Mapa de Antioquia. 1857.

[21]) Vergl. ausführliche Biographie von Schumacher, H. A.: Südamerikanische Studien. Drei Lebens- und Kulturbilder. Mutis-Caldas-Codazzi. Berlin 1884.

unterstützt durch einen Stab von Mitarbeitern, die sog. Comisión Geográfica.

Der für die Karte des Alto Chocó in Frage kommende Teil seiner Forschungen umfaßt eine Reise von Antioquia über die Westkordillere ins Tal des Rio Sucio bis Dabeiba (1852) und eine andere im folgenden Jahr den Atrato von der Mündung an bis Quibdo aufwärts, von dort den Rio Quito und die Quebrada Santa Monica hinauf und den San Juan bis zur Mündung des Suruco hinab, um über letzteren Fluß und den Pépe und Baudó den Stillen Ozean zu erreichen.[22]) Leider starb Codazzi, ehe er das gewaltige von ihm gesammelte Material verarbeiten konnte, und so erschienen sowohl seine Karten,[23]) wie auch der Text dazu[24]) unter fremdem Namen; eine wichtige Ergänzung zu diesem Text bildet an vielen Stellen die Biographie Codazzis von H. A. Schumacher,[25]) die von letzterem in Bogotá unter Benutzung wichtigen unveröffentlichten Materials ausgearbeitet wurde.

Eingehende und meist sehr präzise Aufnahmen einzelner Teile des Alto Chocó verdanken wir den zahlreichen Expeditionen, die dort nach einer passenden Route für einen interozeanischen Kanal suchten. Sie wurden angeregt durch die irrigen Mitteilungen Al. v. Humboldts in mehreren seiner Schriften über Depressionen in der Küstenkordillere und das angebliche Bestehen eines Wasserweges zwischen dem Atrato und San Juan. Ihre Reihe eröffnete J. C. Trautwine[26]), der 1852 im Auftrage der New Yorker Finanziers Belknap und James den Atrato, Baudó und San Juan befuhr. Ihm folgte 1853 sein nordamerikanischer Landsmann Porter, der ein Nivellement über den sog. Isthmus von San Pablo ausführte, aber nichts veröffentlicht zu haben scheint. Porter reiste auf Kosten des New Yorkers Kelley,[27])[28]) der durch Humboldt für die Idee eines interozeanischen

[22]) Route nach Schumacher, a. a. O., S. 364 und 371.

[23]) Carta Corográfica del Estado de Antioquia, construido con los datos de la Comisión Corográfica i de órden del Gobierna Jeneral por M. Ponce de Leon y M. M. Paz. 1:810000. Bogotá 1864. — Carta Corográfica del Estado del Cauca etc. Bogotá 1864.

[24]) Perez, F.: Jeografía física y política de los Estados Unidos de Colombia, escrita de órden del Gobierno jeneral por. . . . 2 Bände, Bogotá 1862.

[25]) S. Anm. 21.

[26]) Trautwine, J. C.: Rough notes of an exploration for an interoceanic ship-canal by way of the rivers Atrato and San Juan. Philadelphia 1854.

Auch in Journal of the Franklin Institute 27 und 28 (1854 und 1855).

[27]) Projet d'un canal maritime sans écluses entre l'Océan Atlantic et Pacific à l'aide des rivières Atrato et Truandó etc. Paris 1857.

[28]) [Kelley, anonym] The practicability and importance of a ship-canal to connect

Kanals begeistert war und noch im gleichen Jahre den Ingenieur Lane aussandte, der anscheinend der Route Trautwines folgte, dessen Veröffentlichung[29]) aber heute gänzlich verschollen zu sein scheint. Lane prüfte außerdem noch eine den Truandó benutzende Linie und gelangte bis zu den Schnellen dieses Flusses, kehrte aber dort wegen seiner geschwächten Gesundheit wieder um und wurde 1854 von Kelley durch Kennish[30]) und Serrel ersetzt, die die ganze Strecke vom Stillen Ozean bis zur Mündung des Truandó erforschten. Ihre günstig lautenden Angaben wurden im Auftrage der nordamerikanischen Bundesregierung 1857/58 durch eine Marineabteilung unter Craven und ein Kommando des Landheeres unter N. Michler nachgeprüft, von denen Michler einen sehr inhaltsreichen Bericht veröffentlichte,[31]) während derjenige von Craven offiziell nicht gedruckt zu sein scheint.[32])

Angaben, die zum Teil als schwindelhaft nachgewiesen sind, veröffentlichte der Franzose de Puydt[33]) über Aufnahmen am Rio Tanela, doch sind manche seiner Bemerkungen über die physische Geographie jener Gegend aus Mangel an Besserem noch immer von einigem Wert. Eine lange Reihe mit ungenügenden Mitteln unternommener Versuche zur Lösung des Kanalproblems sei hier übergangen, da ihre Ergebnisse durch spätere Arbeiten vollkommen überholt sind; erwähnt sei jedoch wegen seines Inhalts von mehreren sonst schwer zugänglichen Karten das Buch von Admiral Ch. Davis,[34]) in dem im Auftrag der nordamerikanischen Regierung die bis 1866 gezeitigten Ergebnisse der Kanaluntersuchungen zusammengestellt sind.

Aus den folgenden Jahren ist der französische Botaniker Saffray zu erwähnen, der von Antioquia her eine Tour über die Westkordillere ins Gebiet des Rio Sucio an den Rio Verde unternahm und bei einer

the Atl. and Pac. Oceans. With an history of the enterprise from its first inception to the completion of the surveys. Including the instructions from F. M. Kelley to William Kennish. Etc. New York 1855.

29) Atlantic and Pacific Canal-Company; report of the survey of the rivers Atrato, Pató and Baudó. New York 1856 (nicht gesehen).

30) S. Anm. 27.

31) Michler, N.: Report of his survey for an interoceanic ship-canal near the Isthmus of Darien. Mit Atlas. Washington 1861.

32) Auszug in Zeitschr. f. Allg. Erdkunde, N. F. IV, S. 297.

33) Puydt, L. de: L'Isthme américaine et le Canal Colombien. Etc. Chatillon-sur-Seine 1869.

Ders. Scientific exploration in the Isthmus of Darien. Journal R. Geogr. Soc. 38, London 1868.

34) Davis, Ch.: Report on interoceanic canals and railroads between the Atl. and Pac. Oceans. Washington 1867.

späteren Gelegenheit den San Juan hinauf- und den Atrato hinabfuhr; sein Reisebericht[35]) enthält jedoch so gut wie nichts für unser Thema in Betracht Kommendes. Die Untersuchungen für einen Kanal fanden ihre Fortsetzung in den ergebnisreichen Expeditionen von Th. J. Selfridge[36]), unter dessen Oberleitung in den Jahren 1870—73 verschiedene Abteilungen der nordamerikanischen Marine alle in Betracht kommenden Routen vom Lauf des Bojayá und Napipi im Süden bis zum Isthmus von San Blas bei Panamá im Norden untersuchten. Die für die zweimal aufgenommene Napipilinie sehr günstig lautenden Angaben seines Berichtes wurden 1875 von einer dritten Marineexpedition unter Fr. Collins[37]) nachgeprüft, und auch die peruanische Regierung sandte im gleichen Jahr eine Kommission an den Napipi.

Die Reihe der Kanalexpeditionen wurde abgeschlossen durch die beiden ergebnisreichsten von allen, die im Auftrage der Lesseps-Gesellschaft unter Leitung des französischen Marineleutnants Lucien N. B. Wyse[38]) in den Jahren 1876/77 und 1877/78 das südliche Darien erforschten und deren Arbeiten mehrfach auf unser Gebiet übergreifen. Schließlich bieten auch die Debatten des im Jahre 1879 zu Paris abgehaltenen Kongresses[39]) zum Studium der Frage des interozeanischen Kanals noch manche sonst nicht ausgesprochene Bemerkung über geographische Verhältnisse des Chocó, die freilich meist nur in Verbindung mit Kanalprojekten interessiert.

In die Zeit vor dem Kongresse fallen zum Teil schon die Reisen der drei Engländer Robert Blake White, Franklin White und Henry (Enrique) White, die ihre Forschungen unabhängig voneinander im Gebiet der Westkordillere betrieben. Alle drei zeichnen sich durch eine sehr gründliche Kenntnis der Westkordillere aus und

---

35) Saffray: In Le Tour du Monde 24, 25 und 26 (1872—73).

36) Selfridge, Th. J.: Reports of explorations and surveys to ascertain the practicability of a ship-canal between the Atl. and Pac. Oceans by the way of the Isthmus of Darien. Washington 1874.

Ders. Statement regarding his survey of the Isthmus of Darien. Journal Am. Geogr. Soc. XI (1879).

37) Lull, Edw. and Fred. Collins: Reports of explorations and surveys for the location of interoceanic ship-canals through the Isthmus of Panama and by the valley of the River Napipi etc. Washington 1871.

38) Wyse, Lucien N. B.: Canal Interocéanique 1876/77. Rapport etc. Paris 1877.

Wyse, A. Reclus et P. Goza: Canal Interocéanique 1877/78. Paris 1879.

39) Cana linterocéanique, Congrès international d'études du. — Compte rendu des séances. Paris 1879.

haben mehreren anderen Reisenden wertvolle Auskünfte erteilt, aber selbständig hat von ihnen nur Rob. Bl. White einen kurzen Artikel über sein 1877 erfolgtes Vordringen bis an den Fuß des merkwürdigen Cerro Torrá und über einige Beobachtungen in anderen Teilen des Chocó veröffentlicht.[40]) Von F. White ist nur ein Register barometrisch gemessener Höhenzahlen aus der Gegend des Cerro Torrá und dem Gebiet des Rio Frontino sowie von Höhen und Entfernungen einzelner Punkte des Weges von Quibdó nach Bolívar durch Vergara y Velasco [41]) (siehe unten) herausgegeben, und nicht anders steht es mit den Forschungsergebnissen von Henry White aus den südwestlichen Randgebirgen des Rio Sucio-Tals.[42])

In der gleichen unbefriedigenden Weise sind bislang auch erst die Resultate der Untersuchungen von H. Carvajal über den Weg von Chamí über Carmelo nach Bagadó und von San Juan de Tatamá nach Apia [43]) sowie diejenigen der Arbeiten von Rentería am Wege von Cartago nach Nóvita benutzbar gemacht worden.[44])

Etwas günstiger war das Geschick dem französischen Ingenieur J. Brisson, der 1893 das Bergland zwischen den Oberläufen des Atrato und San Juan nach allen Richtungen durchstreifte, dann noch eine Zeitlang in einer Goldgrube nahe der Mündung des Bebará tätig war und endlich den Atrato nach Cartagena hinabfuhr; seine Reisebeschreibung wurde auf Kosten der kolumbischen Regierung veröffentlicht [45]), aber seine Kartenmaterialien fanden nur bei Vergara y V. Verwertung.[46]) Um die gleiche Zeit sandte der Italiener Caracristi einen Bericht über seine Erforschung der Kohlenlager um den Golf von Urabá an das Bureau of the American Republics [47]), nachdem bereits einige Jahre vorher der Kolumbianer Jorge Isaacs diese Fundstellen erkundet hatte.[48]) Nicht auf eigener Anschauung, sondern

---

[40]) White, R. Blake: The Central Provinces of Colombia. Proc. R. Geogr. Soc. London 1883.

[41]) Vergara y Velasco, F. J.: Geografía etc. S. 95 und 112.

[42]) Vergara y Velasco: Geogr., S. 72.

[43]) Vergara y Velasco: Geogr., S. 90 und 112.

[44]) Vergara y Velasco: Geogr., S. 69 und 112.

[45]) Brisson, J.: Exploración en el Alto Chocó. Bogotá 1895. Ders. Viajes por Colombia en los años de 1892 á 1897. Bogotá 1899.

[46]) Vergara y Velasco: Geogr., S. 303.

[47]) Caracristi: Coal and Petroleum in Colombia. Bulletin of the Bureau of the American Republics 1893, Nov.

[48]) [Anonym] Coal Mines on the Atlantic Coast of Colombia, South America. New York 1891.

auf Mitteilungen von Freunden beruhen die auf den Chocó bezüglichen Teile des 1885 von M. Uribe Angel über seinen Heimatstaat Antioquia und dessen Geschichte veröffentlichten ausführlichen Werkes[49]), das aber trotzdem wertvolle Notizen enthält.

Auch ein deutscher Forscher, Fr. Regel, bereiste 1897 den antioqueñischen Anteil des Chocó und kam auf zwei Touren über den Alto de Toyo nach Frontino und weiterhin bis Dabeiba am Rio Sucio, sowie über den Alto de Canelon oscuro nach Urrao im Gebiet des Murrí; über diese Reisen liegen bislang nur kurze Veröffentlichungen vor[50]), während ein in Aussicht gestelltes ausführliches Werk, das für diesen Teil schon wegen des Fehlens jeder andern eingehenden Arbeit grundlegend sein wird, bislang noch nicht erschienen ist.

Einige Jahre vorher (1893) hatten am Rio Sucio bereits die Vorarbeiten für die von den Amerikanern geplante Interkontinentale Eisenbahn stattgefunden. Das Korps Nr. 2 der mit dem Studium der Linie beauftragten Ingenieure unternahm von dem Dorf Riosucio am Atrato aus eine flüchtige Rekognoszierung des Gebiets westlich des Atrato bis zur Isthmuskordillere, sowie des Stromlaufs selbst bis Quibdó und folgte dann dem Rio Sucio aufwärts bis Cañasgordas, wohin eine andere Abteilung desselben Korps schon früher von Antioquia über den Alto de Toyo gekommen war.[51]) Um dieselbe Zeit (1893) veröffentlichte Alfr. Hettner einen Aufsatz[52]), der ein klares Bild von dem damaligen Stand der Kenntnis des Alto Chocó in Europa gibt, wo die zahlreichen oben besprochenen Kanalexpeditionen ganz in Vergessenheit geraten und die kurz vorher oder gleichzeitig stattgefundenen Arbeiten von Brisson, Carvajal, Rentería usw. noch nicht bekannt geworden waren.

Im Vorstehenden erwähnten wir schon mehrfach den gegenwärtigen Direktor der Kriegsschule zu Bogotá, Ingenieurgeneral Francisco Xavier Vergara y Velasco, der dem berühmten Elisée Reclus wichtige Beiträge für seine große Länderkunde[53])

---

[49]) Uribe Angel, M.: Geografía general etc.

[50]) Regel, Fr.: Reisebriefe aus Kolumbien. Naturw. Wochenschrift 1897.

Ders.: Das Land Antioquia in oro-hydrographischer Hinsicht. 7. Internat. Geographenkongreß, Berlin 1899.

Ders. Das Bergland von Antioquia. S. Ber. d. physik. med. Ges. zu Würzburg 1900/01.

[51]) Intercontinental Railway Commission. Vol. II. Report of explorations and surveys made by Corps No. 2 in Costa Rica, Colombia and Ecuador 1891—1893. Mit Atlas. Washington 1895.

[52]) Hettner, Alfr.: Pet. Mitt. 1893, S. 129.

[53]) Reclus, El.: Nouvelle Geographie Universelle, Bd. 18. Paris 1892.

lieferte und 1901 den ersten Band eines eigenen ausführlichen Geographiewerkes über Kolumbien erscheinen ließ.[54]) Für den Chocó liegt die Bedeutung dieses Werkes nicht in eigenen Forschungen des Verfassers, sondern in der Verwertung vieler sonst nicht zugänglicher Arbeiten, und das Gleiche gilt von der „Denkschrift über die Konstruktion einer neuen Karte von Kolumbien“ [55]) und dem Atlas von Kolumbien [56]) desselben Autors. Wenn man von den auf den Chocó bezüglichen Teilen einen Schluß auf das Ganze ziehen kann, so sind diese Werke in der deutschen Fachpresse entschieden unterschätzt worden, während sie z. B. in der französischen sofort eine bessere Würdigung erfahren haben.

Eine ähnliche Stellung wie Vergara y V. nimmt in der Geschichte der Erkenntnis des Chocó H. Jalhay ein, dessen von wirtschaftsgeographischem Standpunkte geschriebenes Werk [57]) doch auch manches für unser Thema Belangvolle enthält, und der die fleißigen Kompilationen der beiden Kolumbianer V. Restrepo und F. Pereira Gamba über die Fundstätten von Edelmetall in Kolumbien ins Französische übersetzt und bis auf das Erscheinungsjahr 1908 vervollständigt hat.[58]) Als jüngste Erscheinung wäre noch eine kleine Arbeit des Bogotaner Universitätsprofessors Ric. Lleras Codazzi[59]) vom Jahre 1910 über die mineralogischen Bestandteile der Gesteinsproben in der dortigen Universitätssammlung zu erwähnen, die auch für den Chocó von Bedeutung ist.

Wir sehen aus dem oben Gesagten, daß für die Erforschung des Alto Chocó fast ausschließlich praktische Rücksichten maßgebend gewesen sind, angefangen von der Zeit der Conquista und der Besiedelung, wo man den Goldschätzen der Indianer bezw. den Reichtümern des Bodens an Edelmetallen nachging, bis auf die Zeit der wissenschaftlichen Forschungen des 19. Jahrhunderts, in dem die Suche nach einer geeigneten Route für einen interozeanischen Kanal sowie Wege- und Eisenbahnbauzwecke den Erforschern das Ziel gaben. —

---

[54]) Vergl. Anm. 6.

[55]) Vergara y Velasco: Memoria sobre la construcción de una Nueva Carta Geográfica y de un Atlas completo de Geografía colombiana. Bogotá 1906.

[56]) Vergara y Velasco: Atlas completo de Geografía Colombiana. Bogotá 1906—1910.

[57]) Jalhay, H.: La République de Colombie 3. éd. Bruxelles 1909.

[58]) Restrepo, V. et Fortunato Pereira Gamba: Étude sur les mines d'or et d'argent de la Colombie. Traduit par H. Jalhay, Bruxelles 1909.

[59]) Lleras Codazzi, Ric.: Estudio de las menas Colombianas. Bogotá 1910.

Die Ergebnisse der beiden ersten Perioden der Entdeckungs- und Erforschungsgeschichte sind heute für uns fast ganz unverwertbar geworden, da die geographischen Bezeichnungen meist nicht mehr zu identifizieren sind; die Nachrichten der Konquistadoren über die ethnographischen Verhältnisse machen davon allerdings eine wertvolle Ausnahme. Auch die Ergebnisse der dritten Periode, leiden, wie sich weiterhin noch ergeben wird, stellenweise unter der Mangelhaftigkeit der schriftlichen Fixierung.

III. Grundlagen der Karte.

Die Karte des Alto Chocó setzt sich aus Elementen zusammen, die nach Herkunft und Bestimmungsmethode alle Stufen der Genauigkeit durchlaufen, angefangen von der geodätisch vermessenen Linie bis herab zu dem nach bloßem Hörensagen eingezeichneten Flußlauf oder Gebirgszug. Wie schon im Vorwort angekündigt, wird es Gegenstand dieses Kapitals sein, alle diese topographischen Koordinaten auf ihre Herkunft, die bei ihrer Bestimmung angewandte Methode und ihren daraus zu folgernden Wert zu prüfen.

Diese Untersuchung zerfällt naturgemäß in drei Abschnitte, entsprechend den drei natürlichen Regionen des Alto Chocó; der erste wird einer Prüfung der Bestandteile der Mittellinie des Kartenbildes, d. h. des Talwegs der großen Längsfurche zwischen den beiden Kordillerenzügen, gewidmet sein, der zweite sich mit den östlich anschließenden kartographischen Linien beschäftigen und der dritte in gleicher Weise auf das Gebiet der Küstenkordillere Bezug nehmen.

A. Die Sohle der großen Längsfurche.

1. Die Atlantische Küste.

Das große Längstal wird im Norden ausgefüllt durch den Golf von Urabá, dessen südlichster Teil, die Columbiabai, in neuerer Zeit (1871) durch die nordamerikanische Marine hydrographisch aufgenommen ist.[60] Astronomisch bestimmt wurde dabei eine kleine Insel, Observatory Island, die nordöstlich vor der Mündung des Caño Barbacoas in 8° 8′ 27″ 43 n. Br. und 76° 47′ 45″ 3 w. L. v. Gr. gelegen ist.

Ein zweiter Punkt am Golfe wurde 1858 von der Michlerschen Expedition in dem auf der Ostseite gelegenen Dorfe Turbo oder Pisisí durch mehrtägige gute Beobachtungen[61] festgelegt und in

[60]) Vergl. Karte bei Selfridge, Reports etc. sowie amerik. Seekarte Nr. 1405 und englische Nr. 2417.

[61]) Vergl. Michler, Report etc. S. 308 ff.

8° 4′ 56″ 1 n. Br. und 76° 41′ 55″ 5 w. L. angesetzt. Vergara y V. gibt die Position von Turbo zu 8° 6′ 30″ n. Br. und 76° 43′ 30″ w. L. an, was offensichtlich von der Karte entnommen, nicht durch neue Beobachtungen gewonnen ist; die von Selfridge unmittelbar nach seinen Aufnahmen besorgte erste Ausgabe der Karte der Columbia-Bai bestätigt jedoch vollkommen die Berechnungen Michlers.

Nördlich der Linie Punta Candelaria-Punta Turbo bilden spanische, schon ein Jahrhundert alte Seekarten noch heute die Grundlage der Küstendarstellung, abgesehen von einigen gelegentlichen Verbesserungen; unter letzteren ist wohl die bemerkenswerteste die vom französischen Kreuzer Le Dupetit Thouars 1878 ausgeführte Bestimmung[62]) der kleinen Landzunge, die die Bucht von Acanti im Norden begrenzt und deren Position 8° 30′ 10″ n. Br. und 77° 14′ 10″ 5 w. L. ist. Durch dieses Resultat wurde die atlantische Küstenlinie des Isthmus um mehrere Bogenminuten nach Osten gerückt, erhielt also einen erheblich größeren Abstand von der Westküste, als die früheren Karten gezeigt hatten; dieser Fehler hatte zu zahlreichen Bemühungen um die Auffindung einer interozeanischen Kanalroute Veranlassung gegeben, da er den Isthmus als weit günstiger für einen Durchstich erscheinen ließ, als er in Wirklichkeit war.

Auf der von mir entworfenen Karte des Alto Chocó sind die atlantischen Küsten nach der englischen Admiralitätskarte Nr. 396 eingetragen, wobei der Übelstand einer Vergrößerung vom Maßstab 1:1000000 auf 1:810000 nicht zu vermeiden war.

2. Der Atrato bis Riosucio aufwärts, nebst Delta.

Über den Atrato von seiner Mündung, genauer gesagt von der seines Delta-Armes Caño Coquito, bis zu dem Dorfe Riosucio besitzen wir die zuverlässigste Arbeit in einer zweiblättrigen Karte der Michlerschen Expedition vom Maßstab 1:48000; sie beruht auf einer Präzisionsaufnahme des Flußlaufes „mittels des gewöhnlichen Ingenieur-Nivellierinstruments“ (engineers level), wobei man schräg über den Strom von Ufer zu Ufer triangulierte und die Horizontalabstände durch Mikrometerablesungen von Winkeln auf der Setzlatte bestimmte. Die Aufnahmelinie stützte sich auf drei astronomisch bestimmte Punkte, nämlich zunächst das schon erwähnte Dorf Turbo, womit die Mündung des Caño Coquito durch Triangulation verbunden war, ferner auf die Mündung des Rio Hondo in 7° 33′ 34″ 2 n. Br. und endlich auf das Dorf Riosucio in 7° 26′ 16″ 6 n. Br. und 77° 5′ 40″ 5 w. L.

---

[62]) Wyse, Reclus, Sosa, a. a. O., Karte.

Die Angabe für die Mündung des Rio Hondo beruht auf mehrtägigen Beobachtungen mittels Sextanten[63]; für Riosucio wurde die Ortszeit durch eine dreitägige Beobachtungsreihe von Sterndurchgängen mit Zenitteleskop und die Breite durch zweitägige Beobachtungen von Zirkummeridianhöhen eines nördlichen (α Aurigae) und eines südlichen (α Argus) Sterns mittels Sextanten gewonnen.[64]

Außerdem ist Riosucio von Michler noch durch eine Triangulierung des Truandó mit dem Stillen Ozean verbunden (vergl. S. 35); an dieser Linie sind vier Orte astronomisch bestimmt und die, wie wir später sehen werden, besonders wichtige Position des Ortes also gut festgelegt.

Vor Michler hatte bereits der Kolumbianer J. M. Restrepo, auf dessen Arbeiten die Karte Nr. 24 von Humboldts Atlas beruht, eine astronomische Ortsbestimmung von Riosucio veröffentlicht[65] und dessen Position zu 7° 41′ n. Br. und 77° 3′ 21″ w. L. v. Greenwich[66] angesetzt. Humboldt zufolge stellte Restrepo seine Breitenbeobachtungen teils mit einem Theodoliten, teils nur mit einem 15—20 Fuß hohen Gnomon an; fast überall, wo ich seine Breitenangaben mit andern vergleichen konnte, erwiesen sie sich als zu hoch, wie auch im gegenwärtigen Fall, während die Länge eine für den Anfang des 19. Jahrhunderts bemerkenswerte Genauigkeit zeigt. Die Berechnung Restrepos kann jedenfalls unsere Bewertung der Beobachtungsresultate Michlers nicht ungünstig beeinflussen.

Vor Michler hatten schon Trautwine[67] und Codazzi[68] den Atrato von seiner Mündung bis aufwärts nach Quibdó in Krokis niedergelegt, und ein Gleiches wurde von der Selfridgeschen Expedition von Quibdó abwärts bis zur Mündung des Cacarica

---

[63]) Michler, Report, S. 317—21.

[64]) Michler, Report, S. 322—30.

[65]) In der Hertha II (1826).

[66]) Diese Längenangabe kommt folgendermaßen zustande: Restrepo gibt 2° 59′ westlich Bogotá an, dessen Position er zu 67° 52′ westlich Cadiz annahm; letzteres wurde nach Vergaro y V. damals in 8° 37′ 45″ westlich Paris angesetzt, welches seinerseits 2° 20′ 14″ östlich Greenwich liegt, so daß wir für die Umrechnung auf Greenwich die Gleichung bekämen: $2^\circ\ 59' + 67^\circ\ 52' + 8^\circ\ 37'\ 45'' - 2^\circ\ 20'\ 14'' = 77^\circ\ 8'\ 31''$. Als wahre Position von Cadiz gilt aber heute nach Vergara y V. 8° 32′ 35″ westlich Paris, wodurch wir auf 77° 3′ 21″ westlich Greenwich kommen.

[67]) Vergl. Trautwines Karte des Alto Chocó, Maßstab 1:1405000, im Reisewerk (s. Anm. 26), auch bei Davis, a. a. O., map X.

[68]) Veröffentlicht in M. Ponce de Leon y M. M. Paz, Carta .... del Est. del Cauca, 1:810000, und Carta del Est. de Antioquia, 1:810000. Beide Bogotá 1864.

ausgeführt;[69]) an letzterem Punkte ging das Kroki von Selfridge in eine Triangulation über, die sogar zweimal ausgeführt wurde. Die Stationen befanden sich das erste Mal in einem vor Anker liegenden Boote; ihre horizontalen Abstände voneinander wurden dadurch bestimmt, daß man von jeder Station aus den Fußpunkt und die Spitze des Mastes auf dem als nächste Station benutzten Boote anpeilte, dann am Limbus eines Sextanten den von den beiden Peilstrahlen eingeschlossenen Winkel ablas und aus letzterem und der ja bekannten Länge des Mastes trigonometrisch den Abstand berechnete. Das Azimut wurde an einem prismatischen Kompaß abgelesen. Die zweite Triangulation [70]) war zugleich ein Nivellement, und die Stationen befanden sich auf den festen Ufern des Stromes. Die Ergebnisse beider Aufnahmen, noch unterstützt durch eine astronomische Bestimmung der Cacaricamündung, deren Resultat nicht angegeben ist, stimmen in vorzüglicher Weise mit den Arbeiten Michlers überein. Der Atrato kann daher von der Mündung des Caño Coquito bis Riosucio als einwandfrei festgelegt gelten.

Im Delta des Atrato waren die erwähnten beiden Triangulationen genau der Route Michlers gefolgt, d. h. dem Rio Madre, Caño Barbacoas, Caño Coquito; außerdem wurden in gleicher Weise noch der Rest des Caño Barbacoas bis zu seiner Mündung, ferner eine Abzweigung dieses Armes, der Caño Coco Grande, und endlich der Caño Urabá (León) mit seinen Verzweigungen aufgenommen.[71]) In einem Kroki wurde eine Route niedergelegt, die dem Rio Madre oder Caño Tanela bis zur Mündung des Abflusses der Cienaga de Tarena folgte, dann diese Sumpflache querte und den Caño Largo und Caño Tanela bis zur Abzweigung dieses letzteren vom Rio Tanela hinaufging.[72])

3. Der Atrato von Riosucio bis Vijía del Fuerte.

In dem Lauf des Atrato oberhalb Riosucio bildet in Bezug auf Zuverlässigkeit der Aufnahme das Stück bis zum Dorf Vijía del Fuerte, gegenüber der Mündung des Bojayá, eine Einheit für sich. Das Selfridgesche Kroki dieser Stromstrecke stimmt mit denen seiner Vorgänger Trautwine und Codazzi in seinen Einzelheiten ziemlich gut überein, wenn man bei diesen letzteren Karten die geographische Länge des Stromlaufs außer Acht läßt; diese war durch keine astro-

[69]) Selfr., Reports S. 64.

[70]) Ebd. S. 63.

[71]) Ebd., S. 109 und 111 ff.

[72]) Ebd., S. 64 und 123 f.

nomische Ortsbestimmung gestützt und weicht bis zu 10′ von der Selfridgeschen Angabe ab. Letztere ist durch astronomische Beobachtungen in Vijía del Fuerte und an der Mündung des Opogadó (hier nur Länge) gestützt, über die merkwürdigerweise nichts als die Tatsache der Ausführung mitgeteilt ist. Zuverlässiger noch als diese Ortsbestimmungen ist jedenfalls die durch eine Präzisionsaufnahme des Napipi (vergl. S. 34f) hergestellte Verbindung der Mündung dieses Flusses (südlichster Delta-Arm) mit der durch die englische Marine fest bestimmten Cūpica-Bai,[73]) wonach die Position des Zusammenflusses von Napipi und Atrato sich zu 6° 37′ 27″ n. Br. und 76° 55′ 45″ w. L. ergab.

Auch die Mündung des Bojayá wurde durch eine als Präzisionsarbeit ausgeführte Aufnahmelinie (vergl. S. 34f) mit der Chirichiri-Bai verbunden und die Position der letzteren durch ein amerikanisches Kriegsschiff neu geprüft.

Als eine Folge dieser beiden geodätischen Verbindungen des Atrato mit der Küste des Stillen Ozeans darf man wohl völlige Korrektheit der von Selfridge auf seiner Karte angenommenen geographischen Länge und Breite des Stromstücks zwischen Riosucio und Vijía del Fuerte voraussetzen. Die Aufnahme dieser Strecke erfolgte mittels Kompaß und Uhr, indem die Dauer einer Ruderfahrt gemessen wurde, die von einem Ausgangspunkte zu dem nächsten angepeilten Objekt führte. Selfridge führt als Beweis für die Zuverlässigkeit dieser Aufnahme die Tatsache an, daß die in der Natur zwischen den einzelnen Zielobjekten beobachteten Winkel gut mit denen übereinstimmten, die auf einer Skelettkarte erhalten wurden, in die man die einzelnen Teilstrecken der Aufnahmelinie unter Benutzung der Minuten der Fahrtdauer als Einheiten eintrug. Da bei Ausarbeitung der Skelettkarte der Ausgangs- und Endpunkt der darzustellenden Stromlinie festlagen, so hätten zur Erreichung des beabsichtigten Endpunktes auf der Skelettkarte offenbar andere als die in der Natur gemessenen Winkel zwischen den einzelnen Teilstrecken verwendet werden müssen, wenn diese Teilstrecken nicht getreue Verkleinerungen der in der Natur bestimmten Abstände gewesen wären.

4. Der Atrato von Vijía del Fuerte bis Quibdó.

Für den Stromlauf von Vijía del Fuerte bis Quibdó liegen uns zunächst die schon oben erwähnten drei Krokis von Trautwine,

---

[73]) Vergl. engl. Seek.-Nr. 2749.

Codazzi und Selfridge vor, von denen wir die Entstehungsweise des letzteren soeben kennen gelernt haben. Trautwine bestimmte die Azimute mittels Kompaß und schätzte die Entfernungen, während wir über die Methode Codazzis nicht näher unterrichtet sind.

Nach Angabe Trautwines zeigte seine Karte eine gute Übereinstimmung mit einer älteren des kolumbischen Obersten Acosta[74]), die mir nicht vorgelegen hat; außerdem dürfte auch dem Reisewerk von Lane[75]) eine auf eigenen Aufnahmen beruhende Karte beigegeben sein, doch erwies sich das Werk trotz vielfacher Bemühungen als für mich unauffindbar.

5. Die Position von Quibdó.

Von ausschlaggebender Bedeutung für die kartographische Darstellung der Stromstrecke von Vijía del Fuerte bis Quibdó und des ganzen mittleren Teils der Längsfurche des Chocó überhaupt ist natürlich die Position von Quibdó, für die wir die nachstehenden widerspruchsvollen Angaben haben, zwischen denen wir nach eingehender Prüfung wählen wollen.

Nach Trautwine .	5° 45′	n. Br. (Länge nicht bestimmt)	
Nach Codazzi . .	5° 37′	n. Br. und 76° 53′ 30″	w. L.
Nach de Greiff .	5° 37′ 40″	n. Br. und 76° 58′	w. L.
Nach Selfridge .	5° 41′ 7″	n. Br. und 76° 55′ 0″	w. L.

Von diesen Angaben beruht diejenige Trautwines[76]) auf mehrfachen Beobachtungen nördlicher und südlicher Zirkumpolarsterne, mittels Taschensextanten, und ihr Autor meint für volle Richtigkeit bürgen zu können. Die Ziffern von Codazzi und de Greiff sind von mir nur nach Vergara y Velasco[77]) angeführt und deuten schon durch ihre Abrundung darauf hin, daß sie von einer Karte entnommen sind; die Abweichung von vollen acht Bogenminuten zwischen ihren Breiten-

---

[74]) (Acosta) Mapa de la Nueva Granada en 1847. (Neuere Ausgabe von J. M. Samper 1858.)

[75]) S. Anm. 28.

[76]) Die Zahl ist von der Karte Trautwines entnommen, da dieser nach ausführlicher Besprechung der Methode seiner Ortsbestimmung die Angabe des Resultates unterlassen hat!

[77]) Vergl. S. 18 bezw. S. 30 in Coordenadas geográficas de Colombia, erschienen im Anhang zur Nueva Geografía. Daß Vergara y Velasco hier unterschiedslos Resultate wirklicher astronomischer Ortsbestimmungen und durch Ausmessen auf Karten gewonnene Positionen bietet, geht schon daraus hervor, daß er z. B. geographische Koordinaten von Bagadó, Lloró usw. nach Codazzi angibt, obwohl letzterer diese Orte gar nicht berührt hat. (Vergl. den Reiseweg Codazzis auf S. 16 dieser Arbeit.)

angaben und derjenigen Trautwines macht es sehr unwahrscheinlich, daß ihnen astronomische Beobachtungen zugrunde liegen, denn ein Unterschied von dieser Größe ist zwischen zwei um die Mitte des 19. Jahrhunderts ausgeführten Breitenbestimmungen doch nicht wohl denkbar. Der von Codazzi gegebene Wert ist jedenfalls durch dessen Atratoaufnahme gewonnen, während wir bei de Greiff ganz und gar im unklaren sind und nicht einmal ein wirklicher Besuch Quibdós bei ihm nachzuweisen ist. Die Angabe von Selfridge endlich findet sich nur in einer Notiz auf seiner Atratokarte[78]), ohne daß ihr sonst sehr redseliger Autor im Texte seines Werkes die leiseste Andeutung von einer astronomischen Ortsbestimmung bei Gelegenheit seines Besuches in Quibdó (nur eine Nacht) machte; da sie zudem in auffallender Weise die Mitte zwischen den übrigen Angaben hält, so hat Selfridge sie höchstwahrscheinlich auch nur als Mittel aus Werten gewonnen, die er den Karten seiner Vorgänger entnahm. Mit Sicherheit können wir somit allein die Breitenangabe von Trautwine als auf astronomischer Bestimmung fußend ansehen.

Bis hierher wurde eine fünfte Angabe für die geogr. Lage von Quibdó noch nicht erwähnt, nämlich der aus der schon mehrfach erwähnten Aufnahme des Atrato durch Selfridge herzuleitende Wert von etwa[79])

$$5^{0}\ 39'\ 10''\ \text{n. Br. und}\ 76^{0}\ 43'\ \text{w. L.}$$

Mit dem Ergebnis der Ortsbestimmung Trautwines hat die aus dem Kroki von Selfridge resultierende Breite Quibdós also einen Unterschied von $6^{1}/_{2}$ Minuten, während die Abweichung von den Werten Codazzis, de Greiffs und Selfridges erheblich niedriger ist. Man könnte deshalb versucht sein, diese letzteren Werte dem von Trautwine vorzuziehen, müßte aber dann konsequenterweise auch die zugehörigen Angaben für die geogr. Länge übernehmen; daß aber diese nicht richtig sein können, geht aus folgender Überlegung hervor.

---

[78]) Selfridge, Reports, plate 15.

[79]) Genaue Messung und Berechnung ist nicht möglich, weil die fragliche Karte (Selfr., Reports, plate 15) nur den magnetischen Meridian zeigt und kein Gradnetz und keine Angabe über die Abweichung des Kompasses enthält. Letztere ist von mir gleich der von Selfridge auf seiner Karte des Napipí und Bojayá verzeichneten angenommen, d. h. als 7° 40′ Ost, was jedoch im Vergleich mit den für die nahe Seeküste und das Tal des Cauca genannten Beträgen auffallend hoch erscheint, auch wenn man die jährliche Änderung in Rechnung zieht; vielleicht liegt also eine lokale Störung vor. Wäre die von mir angenommene Mißweisung um 2° zu hoch, was als größtmöglicher Fehler bezeichnet werden kann, so würde die Position von Quibdó um ca. zwei Minuten weiter östlich zu rechnen sein.

Von dem Orte Bolívar in der Westkordillere, dessen Position, wie wir später sehen werden (S. 41 ff.), mit einer Fehlergrenze von höchstens 2—3 Minuten als 5° 53′ 45″ n. Br. und 76° 2′ 20″ w. L. nachzuweisen ist, führt ein Weg nach Quibdó, dessen Länge nach Feststellungen von R. F. White[80]) 112 km beträgt. Nimmt man nun für die geogr. Länge von Quibdó den von Selfridge gegebenen Wert, der das Mittel aus den Angaben von de Greiff und Codazzi bildet, als richtig an, so würde allein schon die Entfernung in der Luftlinie zwischen Bolívar und Quibdó über 98 km betragen. Da der Weg auf der Karte von Vergara y Velasco[81]) starke Krümmungen aufweist und zudem über ein sehr gebrochenes Terrain führt, so ist ein so geringer Umwegskoeffizient kaum denkbar. Es ergibt sich für diesen jedoch eine sehr annehmbare Ziffer, wenn wir eine Position von Quibdó als richtig annehmen, bei der die Breite aus der astronomischen Bestimmung Trautwines und die Länge aus dem Kroki des Atratolaufs von Selfridge stammt; bei dieser Annahme würde sich eine Luftliniendistanz beider Orte von 78 km ergeben.

Die größere Wahrscheinlichkeit der Richtigkeit hat also für die Position von Quibdó der Wert

5° 45′ n. Br. und 76° 44′ w. L.

Die Annahme dieser geogr. Lage für Quibdó erhält eine starke Stütze noch dadurch, daß auf der letztgenannten Karte von Vergara y Velasco, auf der das Kroki des Weges von Bolívar nach Quibdó von F. White benutzt ist, die Lage beider Orte zueinander ganz so eingezeichnet ist, wie sie nach meiner Annahme der Positionen von Quibdó und Bolívar sein muß, obwohl in Bezug auf den Äquator die Lage beider Orte unrichtig ist.

Als letzter Beweis ist schließlich noch das oben erwähnte Kroki des Atrato von Trautwine anzuführen, da es dem Lauf des Stromes oberhalb der Mündung des Napipi die charakteristische Richtung SE—NW gibt, die sich im Gegensatz zu der Karte von Codazzi auch bei der Flußaufnahme von Selfridge findet.

Auf meiner Karte wurde also die letzterwähnte Position für Quibdó angenommen, bei der die Breite der astronomischen Ortsbetimmung Trautwines entnommen und die Länge durch Messung auf Selfridges Kroki des Stromes oberhalb Vijía del Fuerte gewonnen ist. Der Umstand, daß der Breitenunterschied zwischen Vijía del Fuerte und Quibdó auf dem Selfridgeschen Kroki zu groß ist, kann

---

[80]) Vergl. Vergara y Velasca, Coordenadas etc. S. 112.

[81]) Vergara y Velasco, Geografía, S. 303.

unsere Annahme von der ungefähren Korrektheit des durch das Kroki ermittelten Längenunterschiedes beider Orte nicht ungünstig beeinflussen; Selfridge hat offenbar die Entfernungen aller einzelnen Teilpunkte voneinander gleichmäßig überschätzt, aber da die Gesamtlänge der ostwestlich gerichteten Stromstücke ungefähr gleich derjenigen der westöstlich verlaufenden Aufnahmestrecken anzunehmen ist, so gleichen sich die gemachten Fehler offenbar in Bezug auf die geogr. Länge des Endpunktes des Krokis aus, summieren sich aber für die geogr. Breite, da den südnördlich gerichteten Aufnahmestrecken keine nennenswerten Gegenstücke in umgekehrter Richtung gegenüberstanden.

Es ist aus dem oben Gesagten klar, daß wir keineswegs mit Sicherheit, sondern höchstens mit ziemlicher Wahrscheinlichkeit unsere Annahme der Position von Quibdó als richtig betrachten dürfen, die Vornahme einer neuen astronomischen Bestimmung dieses wichtigen Ortes ist jedenfalls vom Standpunkte der Kartographie als die dankenswerteste Aufgabe anzusehen, der sich ein Forscher im Alto Chocó unterziehen kann[82]).

[82]) Für die Stromstrecke von Vijía del Fuerte bis Quibdó liegen noch folgende angebliche Ortsbestimmungen von J. M. Restrepo vor:

Ort	N. Br.	Westl. L. v. Bogotá	Westl. L. v. Greenwich
Mündung des Bebará	6° 36′	2° 49′	76° 53′ 20″
„ des Archia (Arquia) . . .	6° 45′	2° 51′	76° 55′ 20″
„ des Penderisco (Murri) .	7° 5′	2° 55′	76° 59′ 20″
„ des Napipi	7° 25′	2° 59′	77° 3′ 20″

Die Verrechnung der Länge von Bogotá auf Greenwich ist hiebei nach den in Anm. 65 angegebenen Grundsätzen erfolgt.

Ein Vergleich der hier angegebenen Positionen mit denen derselben Orte auf meiner Karte, welch' letztere nur eine geringe Fehlermöglichkeit zulassen, zeigt bei den Breitenangaben Restrepos die ungeheuerliche Abweichung von 12—42 Minuten. Wenn man daher auch berücksichtigt, daß ein Teil der Breitenbestimmungen Restrepos nur mit Hülfe des rohen Mittels eines Gnomons zustande gekommen ist, so reicht das zur Erklärung so gewaltiger Fehler doch wohl nicht aus, und es ist eher anzunehmen, daß diese Angaben auf gar keine eigentlichen astronomischen Ortsbestimmungen zurückgehen. Die Längenangaben zeigen mit ihren wahrscheinlichen Fehlern von 3—7 Minuten allerdings eine für den Anfang des 19. Jahrhunderts sehr annehmbare Genauigkeit.

Außerdem liegen noch folgende drei Breitenbestimmungen von Trautwine vor, die für die Kritik seiner für uns so wichtig gewordenen Breitenbestimmung von Quibdó bedeutsam sind:

Vijía Curbaradó . . .	7° 5′	n. Br.
Napipi-Mündung . . .	6° 35′	„
Tebada	6° 30′	„

6. Der Rio Quito und Isthmus von San Pablo.

Südlich von Quibdó nimmt der Rio Quito die Längsfurche des Chocó ein; sein Lauf wurde von Trautwine und Codazzi mit Kompaß und Uhr bis zum sog. Isthmus von San Pablo aufgenommen. Von dem „Isthmus" selbst hat Trautwine eine interessante kleine Spezialkarte[83]) (1 mile = 51 mm, d. h. 1:31 550) veröffentlicht, beruhend auf einer Kompaßaufnahme und einem Nivellement (mit Handlibelle) des den Hügelzug kreuzenden Indianerpfades.

Trautwines Begleiter, Dr. Halsted, bestimmte die Breite des Ortes San Pablo (Isthmina) zu 5° 9′ n. Br., doch kann dieser Wert nach eigener Angabe seines Urhebers[84]) um einige Minuten inkorrekt sein und ist von Codazzi auf 5° 7′ n. Br. abgeändert worden, vielleicht nach einer neuen astronomischen Ortsbestimmung.

Auf meiner Karte ist der Rio Quito nach Trautwine gezeichnet, weil dieser allein den Breitenunterschied zwischen Quibdó und San Pablo (Isthmina) richtig wiedergibt; dabei war ein Umarbeiten vom kleineren Maßstab auf den größeren nicht zu vermeiden.

7. Der Rio San Juan.

Der Rio San Juan ist unterhalb San Pablo nur von Codazzi bis zur Mündung des Tamaná aufgenommen worden, ebenso wie nach Schumacher auch das kurze Stück dieses letzteren Flusses bis Nóvita; dann verließ Codazzi endgültig das Gebiet des San Juan und ging über den Rio Suruco und die Küstenkordillere in das des Baudó über. Trautwine befuhr den Rio San Juan zwar bis zur Mündung (Chirambirá), begann aber laut Notiz auf seiner Karte eine eigentliche Aufnahme erst wieder kurz oberhalb des Beginns des Deltas, an der Mündung des Rio Munguidó, nachdem er sich von der völligen Unzuverlässigkeit der älteren Karte von Acosta überzeugt hatte, die zweifellos gar nicht auf Aufnahmen beruht. Für die kartographische Darstellung des großen Stücks des San Juan zwischen den Mündungen des Tamaná und des Munguidó besteht also die einzige Quelle in der Karte von Trautwine, der aber nach eigener Angabe auf dieser Strecke „nur die Abstände, nicht die Azimute" beobachtet hat. Codazzi

---

Die Abweichungen gegen die von uns als wahrscheinlich richtig angenommenen Werte geht hier nicht über 2—3 Minuten hinaus, und Trautwine gibt selbst diese Berechnungen als zweifelhaft an, während er für die Korrektheit seiner Position von Quibdó garantieren zu können erklärt.

[83]) Auf seiner Karte des Chocó, in s. „Report etc." und bei Davis, map X.

[84]) Vergl. Trautwine, Rough notes etc. im Journal Frankl. Inst. 27, S. 220.

erhielt die Karte Trautwines nach seiner eigenen Reise, aber vor der Herausgabe seiner Karte.[85])

Für die geographische Länge der Ufer des San Juan bei Isthmina und an der Mündung des Tàmaná sind noch einige Anhaltspunkte durch verschiedene nach der Westkordillere führende Aufanhmelinien gegeben, auf die noch zurückzukommen ist (vergl. S. 39 ff.).

B. Die Westseite der Längsfurche.

1. Die Küste des Stillen Ozeans.

Unter den kartographischen Linien im Gebiet westlich des Atrato und San Juan steht in Bezug auf Wichtigkeit an erster Stelle die Küste des Stillen Ozeans, deren Aufnahme durch die englische Marine schon von Codazzi benutzt werden konnte, obwohl das Hydrographic Office die Seekarten dieser Gegend (Nr. 2258 u. 2267, Pläne Nr. 2749) noch nicht herausgegeben hatte.

2. Das Gebiet des Rio Baudó.

Von den zwischen der Küste und dem Atrato—San Juan auf der Karte eingetragenen Linien hat zunächst Codazzi den Lauf des Suruco und dann jenseits der Wasserscheide den Pepé bis zu seiner Mündung in den Baudó und letzteren bis zu seinem Ausfluß ins Meer aufgenommen. Dieselbe Route verfolgte in umgekehrter Richtung Trautwine, nachdem er vom Rio Quito über den Pató bis an den Baudó nahe der Mündung des Heradó vorgedrungen war und den Baudó von dort an abwärts aufgenommen hatte. Lane hat kurz nach Trautwine ebenfalls den Pató und Baudó befahren und vermutlich auch aufgenommen, aber seine Veröffentlichung ist mir, wie schon früher bemerkt, gänzlich unauffindbar geblieben. Das ist umsomehr zu bedauern, als die Arbeiten von Trautwine und Codazzi hier viel zu wünschen übrig lassen. Ersterer kannte noch nicht die Küstenaufnahme der englischen Marine, gab infolgedessen der Mündung des Baudó eine stark unrichtige Position und führte dadurch eine sehr störende Verzerrung seines Kartenbildes herbei. Auf der auf Codazzis Arbeiten beruhenden Karte von M. Ponce de Leon und M. M. Paz scheint die Aufnahme des Baudó durch Trautwine nicht benutzt zu sein, obwohl Codazzi die Karte Trautwines nach Schumacher gekannt hat. Dazu kommt noch, daß wir aus später zu erörternden Gründen (s. S. 38 f.) den Lauf des San Juan erheblich weiter nach

[85]) Vergl. Schumacher, a. a. O., S. 471.

Osten verlegen müssen als Codazzi und Trautwine es getan haben, woraus folgt, daß die beiden Routen über den Pató und den Suruco —Pepé länger sind, als sie von Codazzi und Trautwine angenommen werden.

Besitzen also selbst die von Codazzi und Trautwine ausgeführten Aufnahmen der obengenannten Flußläufe nur einen zweifelhaften kartographischen Wert, so ist von allen andern dem Meer oder dem Atrato und San Juan zugehenden Flüssen überhaupt nichts sicher bekannt als die Mündung; dasselbe gilt natürlich auch von allen andern Fluß- oder Berglinien des Alto Chocó, die im Folgenden nicht speziell aufgeführt werden.

3. Das Gebiet des Bojayá und Napipi.

Die nächste Aufnahmelinie finden wir erst wieder weit nördlich von der Mündung des Baudó, und zwar handelt es sich um eine Präzisionsaufnahme und ein Nivellement einer Linie, die von der Chirichiri-Bai nach dem Rio Tacundó und in diesem und dann dem Rio Cuia zum Rio Bojayá und mit ihm zum Atrato hinablief; an diese von der Selfridgeschen Expedition 1873 ausgeführte Arbeit schloß sich eine Linie, die vom Rio Cuia in nördlicher Richtung nach dem Napipi hinüber und an diesem bis zur Mündung des Dognadó hinaufging.[86]) Bis zu dieser Stelle war im gleichen Jahr eine ebensolche Aufnahme- und Nivellementslinie von der Chirichiri-Bai am Dognadó herabgeführt worden;[86]) eine dritte Vermessungsroute Selfridges vom Jahre 1871 lief von der Cupica-Bai zu den Quellen des Napipi und an letzterem hinab bis zur Mündung in den Atrato.[87]) Am Zusammenflusse von Napipi und Dognadó trafen somit drei Aufnahmelinien zusammen, und es bezeugt die Sorgfalt und Zuverlässigkeit der amerikanischen Arbeiten, wenn Selfridge darauf hinweisen kann, daß der Unterschied zwischen den beiden am weitesten auseinandergehenden Ergebnissen der drei Aufnahmen nicht mehr als 2,41 m für die Meereshöhe dieses Platzes und ca. 300 m für dessen Lage in der Horizontalebene betrug.[88])

Die Collins'sche Expedition von 1875 ergänzte diese Arbeiten noch durch ein Nivellement, das zunächst dem nördlichen Ufer des Napipi im Abstand von einigen hundert Metern parallel lief, an der Mündung des Dognadó an das rechte Ufer des letzteren über-

---

[86]) Vergl. Selfridge, Reports etc., S. 77 ff.

[87]) Ebd., S. 53 f.

[88]) Ebd., S. 83.

ging und die Küste ebenfalls an der Chirichiri-Bai erreichte;[89]) das auf Grund dieser Arbeit entworfene große Profil der Route gibt eine vorzügliche Vorstellung von den Einzelheiten des Bodenreliefs abseits der Flußufer, und die Aufnahme ist besonders für Kanalprojekte von Interesse.

4. Die Truandó-Linie.

Vor den Amerikanern hatte schon Codazzi den Napipi teilweise aufgenommen, aber seine Arbeiten sind hier durch die der ersteren vollständig überholt worden, ebenso wie auch am Truandó, den er nach Schumacher bis zu den Schnellen befuhr. Im Gebiet dieses Flusses wurde eine für einen interozeanischen Kanal empfohlene Linie, die vom Estero de Paracuchichi am Stillen Ozean den Kamm der Cordillere erstieg und dann im Bette der Rios Hingador, Nercua und Truandó zum Atrato hinabführte, auf Veranlassung Kelleys 1855 von dem amerikanischen Ingenieur Kennish vermessen und nivelliert; aber seine anscheinend wenig zuverlässigen Angaben [90]) werden bedeutungslos durch die Ergebnisse der Expedition Michlers und Cravens vom Jahre 1858, an der Kennish übrigens wieder teilnahm. Bei dieser Gelegenheit wurde die schon näher charakterisierte Route von Kennish neuvermessen und nivelliert; außerdem wurden folgende astronomische Ortsbestimmungen vorgenommen,[91]) die für die Vorarbeiten zur Festsetzung der Grenze zwischen Kolumbien und Panamá bald wieder praktische Bedeutung erlangen können:

1. Playa de Paracuchichi, nahe Südspitze der Nehrung,
   7° 2′ 59,6″ n. Br. und 77° 39′ 57″ w. L.
2. Hütte am oberen Nercua,
   7° 6′ 37,5″ n. Br. und 77° 33′ 18,4″ w. L.
3. Fuß der Katarakte des Truandó,
   7° 4′ 31,5″ n. Br. und 77° 25′ 25,3″ w. L.
4. Tocame (indianisches Mehrfamilienhaus am Truandó)
   7° 9′ 54,6″ n. Br. und 77° 15′ 38,2″ w. L.
5. „Erstes Lager am Truandó“ (vom Atrato aus gerechnet, erste feste Stelle) 7° 9′ 27,5″ n. Br.

Die geogr. Breite wurde an allen Punkten mittels Spiegelsextanten nach Beobachtungen von Zirkummeridianhöhen nördlicher und südlicher Zirkumpolarsterne bestimmt, die Länge auf allen Stationen außer Nr. 3 mit demselben Instrument und Uhr; auf Station Nr. 3 wurde

---

[89]) Vergl. Lull, Edw. and Fred. Collins; a. a. O., zweite Hälfte.

[90]) Vergl. Anm. 26 und 27.

[91]) Vergl. Michler, Report etc., S. 308.

die Länge mittels eines Teleskops von 26 Zoll (66 cm) Brennweite nach Monddurchgängen und Mondbedeckungen von Sternen (moon culminating stars) im Verein mit korrespondierenden Beobachtungen auf der Sternwarte zu Washington bestimmt.[92])

Wenn die Position von Nr. 1 richtig ist, so liegt die Küste auf der engl. Seekarte hier um 2 Minuten zu weit westlich.

5. Das Gebiet des Salaquí, Peranchito und Cacarica.

Die Karte von Ponce de Leon und Paz ist für die Truandógegend und das ganze nördlich davon am linken Ufer des Atrato gelegene Gebiet sehr unzuverlässig, und es ist auf ihr der Truandó mit dem Salaquí verwechselt, worüber nach den Karten von Kennish, Michler und der Interkontinentalen Eisenbahnkommission[93]) kein Zweifel bestehen kann. Für die Gegend des Salaquí und Rio Hondo ist die letztgenannte Karte die einzige auf eigener Anschauung ihres Autors beruhende, der den Salaquí hinaufgefahren und dann entlang dem Fuß der Isthmuskordillere bis zum Rio Rayo vorgedrungen ist;[94]) über die Art der Entstehung der Karte ist jedoch nichts angegeben, und wir haben es wohl nur mit einer rohen Skizze zu tun.

Im Norden dieser Gegend nahm eine Abteilung der Expedition Selfridge den Rio Peranchito und seine beiden Quellbäche vom Kamm der Isthmuskordillere bis abwärts zu der nicht näher bezeichneten Stelle, wo die Ufer des Flusses aufhörten gangbar zu sein, nach Präzisionsmethoden auf und führte ein Nivellement dieser Strecke durch; der Unterlauf des Flusses wurde dann noch bis zur Mündung in den Rio Rayo und dieser selbst bis zum Cacarica (Caquirri) mittels Kompaß von einem Boot aus festgelegt.[95]) Vom Cacarica wurde ebenfalls durch Selfridge der Teil von der Mündung des Tucucgua bis hinab zum Ungangbarwerden der Ufer vermessen und nivelliert, der Unterlauf bis zum Atrato und das Stück oberhalb des Tuculegua bis zur Mündung des Nabulquia sowie dieser letztere selbst bis zum Paß von Tihule in der Isthmuskordillere mittels Kompaß aufgenommen.[96])

Das Selfridgesche Kroki der Strecke oberhalb des Tuculegua

---

[92]) Ebd., S. 108.

[93]) „Panamá to Pavarandocito, Colombia." Map 17 in Div. D. in Intercont. Railw. Committee, a. a. O., Maßstab 1 : 375 000.

[94]) Ebd., S. 119.

[95]) Selfridge, Reports etc., S. 48 und 62 f.

[96]) Ebd., S. 42—48.

wurde von der französischen Expedition unter Wyse durch eine Präzisionsaufnahme mit Nivellement ersetzt, die über die Isthmuskordillere hinweg in das Gebiet von Panamá (Darien) hineinführte und sich auf die von mehreren Marinen gemachten Ortsbestimmungen am Darien-Hafen (Golf von San Miguel) stützte. Unähnlich Selfridge, der sich stets ängstlich an wenige für Kanalzwecke vorher empfohlene Routen hielt und auf diesen fast immer sofort mit Präzisionsaufnahmen vorging, suchte Wyse sich zunächst einen Überblick über die topographischen Verhältnisse der näheren und weiteren Umgebung der zu untersuchenden Strecke zu verschaffen. Er ließ zu diesem Zwecke eine große Anzahl der kleinen Hügel, von denen das Land erfüllt ist, an ihrer Spitze entwalden und bestimmte dann die Azimute der von ihnen aus sichtbaren Gipfel. Diese Winkelmessungen wurden zwar zum allergrößten Teil in dem uns hier nicht interessierenden Gebiet von Darien ausgeführt, sind aber für uns wertvoll durch die ungefähre Feststellung des Verlaufes der Isthmuskordillere, die sie als Nebenwirkung zustande brachten. Das eigenartige Hochplateau von Cana wurde von Wyse durch eine Routenaufnahme mit dem Dorf Real de Santa Maria am gut bekannten Mündungstrichter des Tuira verbunden.[97]) Seine „Carte du Darien Meridional“ [98]) ist wegen der zahlreichen Präzisionsaufnahmen, Krokis und Winkelmessungen des Autors selbst und der sorgfältigen Verwertung aller früheren Arbeiten zweifellos sehr zuverlässig, und ihre Darstellung von mir ohne Änderungen übernommen.[99])

6. Der Rio Tanela und die Gegend der Acanti-Bai.

Von sonstigen kartographischen Elementen ist erst wieder weit nördlich des Cacarica die Kompaßaufnahme des Rio Tanela, der sog. de Puydt-Route, durch Leutnant Schulze von der Selfridgeschen Expedition von 1872 hervorzuheben, eine Arbeit, die von Höhenbestimmungen mittels korrespondierender Ablesungen mehrerer verschieden stationierter Quecksilberbarometer begleitet war.[100])

Nördlich dieser Route ist zwar noch durch die Expedition Wyse von 1877/78 eine Präzisionsaufnahme vom Darien-Hafen (Golf von San Miguel) nach der Bucht von Acanti am Atlantischen Ozean ausgeführt worden, aber das gesammelte kartographische Material ging

97) Vergl. Wyse, Canal interoc. 1876/77, S. 68—75.

98) In Wyse, Canal interoc. 1876/77. Maßstab 1:250000.

99) Vergl. für das Obige speziell Wyse, Can. int. 1876/77, S. 20 ff., 46 ff, 165 ff.

100) Selfr., Reports, S. 64 und 111.

vor seiner Verarbeitung durch ein Brandunglück in Panamá verloren und ist nicht wieder ersetzt worden, da sich die Unmöglichkeit eines Kanals auf dieser Linie bereits herausgestellt hatte.

Einige kleinere Arbeiten sind im Obigen ungenannt geblieben, weil sie durch spätere vollständig überflüssig und wertlos geworden sind.

C. Die Cordillera del Chocó und ihr Vorland.

Die Cordillera del Chocó oder Westkordillere ist nebst ihrem Vorland bis an die Ufer des Atrato und San Juan hauptsächlich vom Caucatal her erforscht worden, und wir sind daher zur Festlegung der Ausgangspunkte der durch die Westkordillere verlaufenden kartographischen Linien genötigt, die Grenzen des in dieser Arbeit behandelten Gebietes zu überschreiten und vorerst einen Blick auf die Grundlagen der Karte des Caucatals zu werfen.

1. Die Position des Cauca-Tals und der Westkordillere.

Die Karte von Codazzi, die bis in die neueste Zeit hinein für das Cauca-Tal maßgebend war, beruht auf den astronomischen Ortsbestimmungen Al. v. Humboldts. Entsprechend der Beschaffenheit der Instrumente und der Methoden der Ortsbestimmung zur Zeit Humboldts sind die Breiten größtenteils korrekt, aber nicht die Längen. Nach Codazzi sind wieder Ortsbestimmungen von W. Reiss vorgenommen worden,[101]) die größtenteils als sehr gut gelten und deren Längenergebnisse schon wegen der dabei zur Verwendung gekommenen modernen Instrumente denen von Humboldt vorzuziehen sind. Den Unterschied zwischen den von beiden Forschern erhaltenen Resultaten veranschaulicht folgende Tabelle, in der die mit † bezeichneten Orte nachweisbar von Humboldt [102]) bestimmt und die Werte für die übrigen von der Karte Codazzis entnommen sind:

Ort	Lage nach Humboldt (Cod.)		Lage nach W. Reiss	
	Länge	Breite	Länge	Breite
† Cali	76° 39′ 45″	(3° 25′)	76° 23′ 30″	3° 27′ 10″
Palmira	76° 21′ 45″	3° 33′ 11″	76° 9′ 45″	3° 33′ 10″
† Buga	76° 21′ 45″	3° 55′ 21″	76° 10′ 45″	3° 54′ 5″
Tuluá	76° 20′ 34″	4° 4′ 24″	75° 6′ 15″	4° 5′
† Cartago	76° 6′ 31″	4° 45′ 5″	75° 52′ 30″	4° 45′ 12″
Manizales	75° 47′ 10″	5° 6′ 15″	75° 27′ 30″	5° 4′ 14″

[101]) Zusammenstellung der Ergebnisse bei Vergara y Velasco, Nueva Geografía; ausführlich besprochen in Peter, Br.: Astronomische Ortsbestimmungen in der Republik Colombia, ausgeführt von W. Reiss und A. Stübel in den Jahren 1868, 1869, 1870. Berlin 1893.

[102]) Vergl. Vergara y Velasco, Coordenadas etc

Sämtliche hier genannten Orte liegen also um 11—20 Minuten weiter östlich, als sie auf den alten Karten verzeichnet sind, und da Codazzi ihre Lage im Verhältnis zur Westkordillere jedenfalls annähernd richtig eingeschätzt hat, so werden wir dieses Gebirge auf der Karte um denselben Betrag nach Osten verlegen müssen.

2. Das Gebiet des obern San Juan und Tamaná.

Innerhalb der südlichen drei Viertel des Meridianbogenstücks zwischen dem 4. u. 5. Grad n. Br. ist die Kordillere von keiner Aufnahmelinie überschritten worden und auch sonst so gut wie unbekannt; erst an den Quellen des Rio Garrapata, eines Nebenflusses des Riseralda, überschreitet ein von dem kolumbischen Ingenieur Rentería aufgenommener Plan eines Weges von Cartago im Cauca-Tal aus die Kordillere, um in den Tälern des Habita, Ingara und Tamaná abwärts bis Nóvita weiterzugehen. Dieser Plan ist nicht selbständig erschienen, nur Vergara y V. hat daraus die Höhen und die gegenseitigen Entfernungen einzelner Punkte in Form einer Tabelle veröffentlicht.[103]) Ihm zufolge handelt es sich um ein Nivellement, das doch sicher auch mit einer Bestimmung der Winkel und Abstände der Horizontalebene nach Präzisionsmethoden verbunden war. Vergara y Velasco hat die Aufnahme Renterías auf der Karte La Región del Plátino[104]) in seinem Atlas verwendet und jedenfalls auch die Reiss'sche Ortsbestimmung von Cartago benutzt, die ihm bekannt war; Sicherheit ist über diesen Punkt aus der fraglichen Karte nicht zu gewinnen.

Etwas mehr im Norden sind durch den kolumbischen Ingenieur H. Carvajal 1891 zwei Linien vom Tal des Cauca nach dem Orte San Juan de Tatamá an der pazifischen Seite vermessen wroden; die südlichere nimmt das Dorf Apia zum Ausgangspunkt, überschreitet die Wasserscheide im Alto de Potosí und erreicht San Juan über Pueblo Rico und entlang dem Tal des Rio Tatamá (del Norte), die andere führt von Arrayanal über den Alto del Paramillo und das Dorf Chamí am obern Rio San Juan entlang nach dem Orte gleichen Namens. Die Route folgt dann dem Flusse abwärts, überschreitet die Wasserscheide gegen den Atrato und findet ihr Ende in Bagadó am Rio Andágneda. Über die Vermessung, als deren Instrumente Vergara y V. „Nivellierinstrument und Hypsometer" bezeichnet,[105]) und

[103]) Vergara y Velasco: Coordenadas, S. 69 und 112.

[104]) Die Karten des Atlas von Vergara y Velasco sind nicht numeriert, wodurch das Zitieren sehr umständlich wird.

[105]) Vergara y Velasco, Coordenadas etc., S. 90 und 112.

über die Verwertung ihrer Ergebnisse gilt ganz das Gleiche, was schon über die Arbeiten von Rentería gesagt wurde.

Die Position der beiden Ausgangspunkte Apia und Arrayanal ist nur annähernd festzustellen, da sie mit dem nächsten in zuverlässiger Weise astronomisch bestimmten Ort Manizales (durch W. Reiss) nicht verbunden sind; indes erreicht eine auf Manizales gestützte Routenaufnahme von Alfr. Hettner[106]) den Ort Ansermaviejo, der nach J. Brisson nur 8—9 km von Arrayanal entfernt liegt, so daß wenigstens eine annähernde Bestimmung möglich ist. Auf der kleinen Karte „Las Cabeceras del Atrato" von Vergara y V.[107]) ist diese Möglichkeit offenbar benutzt, während die Karte „La Región del Plátino" im Atlas desselben Autors darüber nichts erkennen läßt, da sie die Orte Arrayanal und Apia nicht umfaßt.

Die letztgenannte Karte, auf der die Arbeiten von Rentería und Carvajal bisher allein verwertet sind, zeigt eine merkwürdige Abweichung von der Karte „Las Cabeceras del Atrato", die ein Stück mit ihr gemeinsam hat. Auf letzterer liegt z. B. der Ort Chamí in 5° 18′ 10″ n. Br., was sehr gut mit der von Hettner durch Routenaufnahme von Manizales her übertragenen Position Ansermaviejos in Einklang zu bringen ist, während die in La Región del Plátino für Chamí angegebene Breite von 5° 13′ 25″ durch nichts zu begründen ist. Ungefähr der gleiche Fehler tritt am westlichen Rande dieser letzteren Karte auf, indem dort die Stadt San Pablo oder Isthmina genau auf den 5° n. Br. verlegt ist, während nach der einzigen mir bekannten astronomischen Ortsbestimmung durch Trautwines Begleiter Halsted (vergl. S. 32) die Breite 5° 9′ beträgt, was von Codazzi in 5° 7′ abgeändert ist.

In ähnlicher Weise zeigt sich die Abweichung noch bei anderen Orten, und da auf der besprochenen Karte als einzige Linie des Gradnetzes nur der fünfte Grad nördlicher Breite eingetragen ist, so unterliegt es wohl keinem Zweifel, daß dieser Parallel durch ein bloßes Versehen des Kartographen zu weit nach Norden gezeichnet ist. Ich habe demnach die Karte „La Región del Plátino" in der Weise benutzt, daß ich den fünften Breitengrad um sieben Minuten weiter nach Süden verlegte, aber die Darstellung sonst als korrekt annahm.

3. Die Position von Bolívar.

Ein kartographischer Punkt von besonderer Wichtigkeit ist der weiter nördlich gelegene Ort Bolívar, von dem zwei bedeutungsvolle

---

[106]) Vergl. Pet. Mitt. 1888, Heft IV, Tafel 7.

[107]) Vergara y Velasco, Nueva Geografía, S. 303.

Routen nach Westen in den Alto Chocó hineinführen. In seinem Verzeichnis der Ortsbestimmungen von Kolumbien [108]) gibt Vergara y V. für diesen Platz den Wert von 5° 45′ n. Br. 76° 13′ westl. L. nach de Greiff an, und auf der Karte von Codazzi (d. h. Ponce de Leon und Paz) fehlt die Stadt ganz. Es ist sehr wahrscheinlich, daß die Lage des Ortes nach de Greiff nicht das Ergebnis einer astronomischen Bestimmung ist, aber wir können sie glücklicherweise noch auf andere Art feststellen. Das Mittel dazu bietet uns die Aufnahmelinie der Panamerikanischen Eisenbahnlinie, durch die Bolívar südwärts mit Manizales und Cartago und nordwärts über Antioquia (Stadt) mit Riosucio verbunden ist, dessen Position uns schon von früher her als gut bestimmt bekannt ist (vergl. S. 24 f.). Durch Übertragung von diesen vier Punkten, die durch den großen Maßstab der Eisenbahnpläne (1:48000) sehr begünstigt wird, ergeben sich für die Position von Bolívar folgende Werte:

Nach Übertragung von	Nördl. Breite	Westl. L. v. Greenwich
Cartago	5° 53′ 41″	76° 2′ 27″
Manizales	5° 53′ 49″	76° 0′ 1″
Antioquia	5° 54′ 44″	76° 4′ 23″
Riosucio	5° 57′ 18″	76° 7′ 46″

Die der Übertragung zugrunde gelegte Position von Antioquia, die zu 6° 36 n. Br. und 75° 53′ 20″ w. L. angenommen ist, rührt von J. M. Restrepo [109]) her und ist wahrscheinlich das Ergebnis einer langen Reihe von Beobachtungen, da Antioquia die Vaterstadt Restrepos gewesen zu sein scheint.

Am weitesten entfernt vom Mittelwerte sind die durch Übertragung von Riosucio gewonnenen Koordinaten, was jedenfalls in Ungenauigkeiten der Aufnahme des Interkont. Eisenbahn-Komitees zwischen Riosucio und Antioquia seine Ursache hat. Diese Voraussetzung ist um so wahrscheinlicher, als Vergara y V. den Amerikanern zahlreiche ähnliche Fehler nachgewiesen hat; [110]) unter anderem zeigt z. B. die geographische Lage von Cáceres (im nördlichen Antioquia) nach zwei von ihnen vermessenen Routen, die als gemeinsamen Ausgangspunkt den Ort Anori hatten und in Cáceres wieder zusammentrafen, einen Unterschied von mehr als fünf Leguas oder 25 km! Die Aufnahmen der Interk. Eisenbahn waren keine Präzisionsarbeiten und geschahen nach Aussage des Leiters mittels des engineers transit, einer

[108]) Vergara y Velasco, Coordenadas etc., S. 30.

[109]) In der Hertha II, 1826.

[110]) Vergl. Vergara y Velasco, Memoria etc., S. 34.

Verbindung von Teleskop und Kompaß, womit man auch die horizontalen Entfernungen durch Ablesen von Längen auf einer angezielten Setzlatte bestimmte.

Unserer Übertragung der Positionen von Cartago und Manizales, die von W. Reiss bestimmt sind, auf Bolívar liegen indessen jedenfalls korrekte Pläne der Eisenbahnlinie zu Grunde, oder man müßte einen merkwürdigen Zufall bei der vorzüglichen Übereinstimmung der von beiden Orten für Bolívar abgeleiteten geographischen Breite annehmen.[111])

Diese eben berührte Übereinstimmung ergibt ohne weiteres als wahrscheinlich richtigsten Wert für die Breite von Bolívar 5° 53′ 45″ n. Br.; für die Länge erscheint bei Außerachtlassung der am weitesten abweichenden Angabe als bester Mittelwert die durch Übertragung von Cartago her gewonnene Ziffer, und es ergibt sich somit als wahrscheinlichste Position des Ortes 5° 53′ 45″ n. Br. und 76° 2′ 20″ w. L.

Das Auffallendste an diesem Resultat ist die starke Abweichung der von uns angenommenen geographischen Breite von dem bislang geltenden Werte, den auch Vergara y V. auf seinen Karten noch übernommen hat; der Grund hierfür ist wohl darin zu suchen, daß er die astronomischen Ortsbestimmungen Restrepos und Michlers nicht kannte und ohne eine durch diese ermöglichte Zuverlässigkeitsprobe der Pläne der Interk. Eisenbahn gegen die Übertragung der Beobachtungsergebnisse von W. Reiss mittels dieser Pläne ein sehr berechtigtes Bedenken hegen mußte.

4. Das Gebiet des obern Atrato.

Von den schon früher gestreiften beiden Aufnahmelinien, die von Bolívar nach Westen in den Chocó hineinführen, ist zunächst die des französischen Ingenieurs Jorge Brisson zu nennen, der das Dreieck zwischen der Westkordillere, dem nach Südwesten gerichteten Oberlauf des Atrato und dem obern San Juan in die Kreuz und Quer durchstreifte und dabei seine Aufnahmen mit Kompaß, Uhr und Aneroidbarometer machte. Seine Route ist nicht bis in alle Einzelheiten genau zu verfolgen, da die kartographischen Ergebnisse seiner Reise nur von Vergara y V. in starker Verkleinerung (1 : 875 000) veröffentlicht und dabei nicht alle Ortsnamen wiedergegeben sind.[112])

[111]) Die Strecke Manizales—Bolívar ist natürlich beiden Übertragungen gemeinsam; ein direkter Beweis für die Zuverlässigkeit der Eisenbahnpläne ist also nur für die Strecke zwischen Cartago und Manizales gegeben.

[112]) Auf der Karte „Las Cabeceras del Atrato“, in der Nueva Geografía, S. 303.

Sein Weg ging von Bolívar über El Carmen an den untern Rio Grande, dann nahe dem rechten Ufer des letzteren aufwärts bis zu dem Punkte, wo der Fluß aus der südnördlichen in die ostwestliche Richtung übergeht, von dort am linken Ufer hinab bis fast zur Mündung in den Atrato, wo eine südwestliche Marschroute begann und ungefähr parallel zum Atrato und Capa nach Bagadó am Andágneda sowie auf Abstechern zu Wasser nach Lloró und Quibdó führte. Von Bagadó ging Brisson am rechten Ufer des Andágneda bis fast zu dessen Quellen aufwärts, gelangte dann entlang dem Fuße des wasserscheidenden Kammes der Westkordillere nach Chamí am obern San Juan und überstieg den Kordillerenkamm nach Arrayanal auf der Caucaseite; der Rückmarsch führte von dort über den Alto de las Palmas nach Pueblo Rico und am Tatamá und San Juan hinab wieder nach Bagadó und weiterhin Quibdó.[113])

Wegen der außerordentlichen Gebrochenheit und Unübersichtlichkeit des durchzogenen Terrains ist von der Aufnahme Brissons Genauigkeit nicht zu erwarten, und wir können aus der erwähnten Karte von Vergara y V. wohl nur einiges über Flußrichtungen und die relative Lage benachbarter topographischer Objekte entnehmen; die genannte Karte von Vergara y V. ist dadurch stark verzerrt, daß an ihrem östlichen Rande die Orte Bolívar und Chamí um sieben Minuten zu nahe beieinander liegen, wie aus unsern früheren Untersuchungen (vergl. S. 39 f.) hervorgeht.

Von mehr als lokaler Bedeutung ist der Plan des Weges von Bolívar nach Quibdó, der von dem Engländer R. F. White herrührt und mit von Einfluß auf die Entscheidung der Frage ist, welchen Wert wir für die geographische Länge Quibdós und damit des ganzen obern Atrato annehmen müssen (vergl. S. 30). Als „Plan" wird die wahrscheinlich mittels Kompaß gemachte Aufnahme von Vergara y V. bezeichnet, der den Weg auf seiner Karte „Las Cabeceras del Atrato" eingetragen und außerdem eine Liste von barometrischen Höhenzahlen und von Entfernungen einzelner Wegepunkte voneinander veröffentlicht hat.[114])

5. Das Gebiet des Murri und Rio Sucio. Allgemeines.

Wenden wir uns von Bolívar weiter nordwärts, so stoßen wir im eigentlichen Zuge der Kordillere bis zur Breite von Antioquia

[113] Vergl. Brisson, J.: Exploración etc.

[114]) Vergara y Velasco, Coordenadas etc., S. 75 und 112.

auf keinerlei näher bekannte kartographische Aufnahmen mehr, über die bestimmte Angaben vorlägen. Allerdings scheinen Arbeiten dieser Art, über deren Umfang und Objekt jedoch nichts Näheres in Erfahrung zu bringen ist, dort von de Greiff ausgeführt worden zu sein, der nach einem von Schumacher zitierten Ausspruch Codazzis „einen großen Teil des Gebirgszuges, der die Provinzen Cauca und Chocó trennt, zu Fuß durchwandert hat, um einen brauchbaren Übergang zu finden.“ [115]) Die Karte de Greiffs, die dieser 1857 in Paris veröffentlicht hat, hat Codazzi schon einige Jahre früher einsehen können.[116]) Vergara y V.[117]) nennt auch eine Ortsbestimmung de Greiffs für Urrao (6° 5′ n. Br. und 76° 17′), aber dieser nicht zu kontrollierende Wert ist jedenfalls von der Karte entnommen. Woher die Höhenangaben in diesem Teil der Kordillere stammen, ist mir nicht bekannt geworden.

Für die Täler des obern Rio Sucio und Murrí werden aus dem Anfang des 19. Jahrhunderts drei Ortsbestimmungen von J. M. Restrepo angeführt,[118]) aber bei derjenigen für Cañasgordas, dessen Position mit Hülfe der Pläne der Interkont. Eisenbahn und der Ortsbestimmungen von Riosucio und Antioquia kontrolliert werden kann, ist ein Fehler in der Breitenangabe Restrepos von wenigstens acht Minuten nachweisbar; die drei fraglichen Ortsbestimmungen sind daher wohl mit den von uns bereits früher kennen gelernten Angaben Restrepos für die Ufer des Atrato (vergl. Anm. 87) auf eine Stufe zu stellen und unberücksichtigt zu lassen.

Ob im Tale des Murri irgendwelche Aufnahmen von Restrepo oder auch von de Greiff ausgeführt sind, darüber ist mir nichts bekannt geworden. Die auf meiner Karte eingetragenen Höhenzahlen gehen auf Aneroidbestimmungen von E. (H) White zurück, die aber nicht von Routenaufnahmen begleitet gewesen zu sein scheinen; wenigstens findet sich bei Vergara y V., der sie in Tabellenform veröffentlicht hat,[119]) darüber keinerlei Andeutung. Heute ist für diese Gegend die Karte „Hoyas del Murri y El Arquia“ (Täler des Murri und Arquia) im Atlas von Vergara y V. maßgebend (1 : 400 000), die keineswegs eine bloße Kopie der älteren von Codazzi und Uribe Angel ist; auf ihr ist z. B. der Cerro Plateado, an dem der Murri (Penderisco) entspringt, in 5° 59′ n. Br. eingetragen, wohin er nach

---

[115]) Schumacher A. a. O., S. 364.

[116]) Vergl. Schumacher.

[117]) Vergara y Velasco, Coordenadas, S. 30.

[118]) Restrepo, Antioquia. In Hertha Bd. II.

[119]) Vergara y Velasco, Coordenadas, S. 72.

dem Ergebnis unserer Berechnung der Lage von Bolívar etwa zu verlegen ist, während ihn Codazzi und de Greiff zehn Minuten weiter südlich verzeichnen. Zu gleicher Zeit ist auch das ganze Gebiet des Murrí nach Norden verschoben, freilich die Mündung in den Atrato um einige Minuten zu weit.

6. Das Tal des Rio Sucio.

Das Tal des Rio Sucio, des bedeutendsten rechtsseitigen Zuflusses des Atrato, ist Gegenstand mehrfacher Aufnahmen gewesen. Wenn wir von J. M. Restrepo absehen, so hat hier zunächst C. de Greiff gewirkt, aber auf Umfang und Gegenstand seiner Arbeiten fällt nur zum Teil etwas Licht durch eine Bemerkung bei F. Perez [120]), wonach er unter anderm einen Weg von Dabeiba Vieja im Gebiet des Rio Sucio nach Murindó am gleichnamigen Nebenfluß des Atrato gebaut hat; nach Codazzi [121]) hatte diese Arbeit auch kartographische Ergebnisse, die aber von mir nur in der Verarbeitung von Codazzi und Uribe Angel benutzt werden konnten und fast keine Bedeutung gehabt haben, da diese ganze Gegend infolge einer ganz falschen Darstellung der Laufrichtung des Rio Sucio durch die beiden letztgenannten Kartographen vollständig und ziemlich willkürlich umgeändert werden mußte.

Codazzi selbst führte eine Aufnahmelinie, wohl mittels Kompaß, Uhr und Quecksilberbarometer, von Antioquia über die Wasserscheide bis Dabeiba; diese Route ist die einzige, auf der er die Westkordillere und deren Gebiet betreten hat. Seine Darstellung dieser Strecke stimmt mit der der Pläne der Panamerikanischen Eisenbahn recht gut überein, nur ist die Gesamtstrecke viel zu weit nach Süden gerückt.

Das letztere geht hervor aus der schon erwähnten Aufnahme durch das Komitee der Interk. Eisenbahn, die in zwei Teilen von Riosucio entlang dem Rio Sucio nach Cañasgordas und von Antioquia nach Cañasgordas entlang dem gleichnamigen Flusse ausgeführt wurde. Die Position von Riosucio haben wir schon früher (vergl. S. 25) als gut bestimmt kennen gelernt und bei Gelegenheit unserer Diskutierung der geogr. Lage von Bolívar (vergl. S. 41) auch schon gesehen, daß sich mit Hülfe der auf die Reiss'schen Ortsbestimmungen von Cartago und Manizales gestützten Eisenbahnpläne des Caucatales auch Restrepos Positionsangabe von Antioquia als im wesentlichen korrekt nachweisen läßt; sie ist

$$6^{\circ}\ 36'\ \text{n. Br. und}\ 75^{\circ}\ 53'\ 20''\ \text{w. L.}$$

---

[120]) Perez, A. a. O., II, S. 550.

[121]) Schumacher, a. a. O., S. 364.

Bei einer Übertragung der Position von Riosucio auf Antioquia vermittels der Pläne der Interk. Eisenbahn ergibt sich für die Stadt ein Unterschied in der Breite von + $2^1/_2'$ und in der Länge von + $3^1/_3'$. Dieser nicht sehr bedeutende Unterschied ist wohl der Aufnahme der Amerikaner als Fehler zur Last zu legen und ist demgemäß in der Darstellung des Rio Sucio auf meiner Karte behandelt worden.

Für das Tal des Rio Sucio ist außerdem noch der Plan eines Weges (des sog. Camino de Occidente) zu erwähnen, der von Cañasgordas bis Pavarandocito geht und unter Leitung von J. H. White gebaut wurde. Von diesem Plan ist bislang nur das Stück zwischen Cañasgordas und Dabeiba Nueva veröffentlicht, und zwar auf der Karte „Frontino" (1 : 250 000) im Atlas von Vergara y Velasco, die besonders wegen ihrer detaillierten Darstellung des Tals des Frontino-Quellflusses des Rio Sucio bemerkenswert ist, das die Pläne der Interk. Eisenbahn nicht mitumfassen. Vermutlich liegen dieser Karte Vermessungen von Regierungsländereien „im Westen von Antioquia" zugrunde, von deren Benutzung für seine Karten Vergara y Velasco an einer Stelle ohne nähere Angaben spricht[122]).

Es sei hier noch besonders hervorgehoben, daß die Pläne der Panamerikanischen Bahn, die zwischen Dabeiba und Riosucio die einzige authentische Quelle für die kartographische Darstellung bilden, nur die Vermessungslinie selbst und außer ihr höchstens zuweilen einige hundert Meter des angrenzenden Terrains zeigen; das bedeutet für uns, daß auf der genannten Strecke nur das Bett des Rio Sucio oder seine nächste Umgebung mit Bestimmtheit kartographisch darstellbar ist, alles auf den Seiten Liegende aber mehr oder minder hypothetisch ist.

7. Das Gebiet des Rio León.

Nördlich der Rio Sucio-Linie ist mir von kartographischen Arbeiten innerhalb unseres Gebietes nur der von Ez. Uricoechea erwähnte[123]), aus dem Jahre 1847 stammende Plan eines Weges bekannt, der dem rechten Ufer des Rio León parallel lief und am Golf von Urabá endigte. Vermutlich ist dieser Plan, der mir selbst nicht vorgelegen hat, von Vergara y Velasco für die Karte „El Rio León y las cabeceras del Sinú" (der Rio León und

---

[122]) Vergl. Vergara y Velasco, Memoria etc., S. 33.

[123]) Uricoechea, Ez.: Mapoteca Colombiana. Londres 1860. Der Titel der Karte ist: El camino nacional de Antioquia á Urabá. Escala de 0,005 metros por una legua granadina (d. h. 1 : 1 000 000). Jeronimo Martinez grabó. Bogotá 1847.

die Quellgewässer des Sinú) benutzt worden. Doch gibt Vergara y Velasco auf dieser Karte noch dem Orte Dabeiba die von Codazzi und Uribe Angel angenommene Breite von 6° 48 N., was nach den Arbeiten der Ingenieure der Interk. Eisenbahn als um ca. 18 Minuten zu weit südlich bezeichnet werden muß. Auch sonst ist die Darstellung dieser Karte, die als relativ beste der meinigen zugrunde gelegt wurde, zweifellos sehr unsicher und meist auf Hörensagen beruhend.

8. Die Höhenangaben im nördlichen Teil der Westkordillere. Allgemeines.

Für die nördliche Hälfte des Einzugsgebietes des Rio Sucio und das Quellgebiet des Rio León zählt Vergara y Velasco eine Reihe von Höhenbestimmungen mittels Aneroidbarometer durch E. White auf[124]), verzeichnet aber auf seinen Karten „Frontino“ und „El Rio León y las cabeceras del Sinú“ noch eine ganze Anzahl von sonstigen Höhenzahlen, über deren Herkunft nichts zu erkennen ist. Überhaupt stoßen wir im Tal des Rio Sucio und Murri und deren Randgebirgen sowie im wasserscheidenden Kamm der Westkordillere selbst auf zahlreiche Höhenangaben, deren Entstehung ganz rätselhaft ist. Die Mehrzahl davon geht schon auf die Karten von Ponce de León und Paz (Codazzi) zurück, aber die fraglichen Erhebungen liegen weit ab von dem wohlbekannten Wege Codazzis und können daher nicht auf wirklichen Messungen von ihm beruhen. Vielfach bleibt in solchen Fällen noch die Möglichkeit offen, daß Codazzi die Bestimmungsergebnisse von Vorgängern, z. B. für das Gebiet des Murrí etwa solche von de Greiff verwertet hat; Gewißheit darüber ließe sich vielleicht bei Durchsicht des handschriftlichen Materials Codazzis in den Archiven von Bogotá gewinnen, aber auf andere Weise kaum. Im allgemeinen darf man wohl annehmen, daß die große Mehrzahl der abgerundeten Höhenzahlen auf bloßen Schätzungen beruht, wenn auch Ausnahmen von dieser Regel nachzuweisen sind. Die Tabellen Vergara y Velascos über Ergebnisse von Höhenbestimmungen bedürfen ebenfalls der Kritik, da z. B. die unter dem Namen Codazzis aufgeführte zahlreiche Angaben enthält, die unmöglich auf wirkliche Messungen zurückgehen können, und von denen einzelne Werte durch neuere Untersuchungen schon als ganz haltlos erwiesen sind.

---

[124]) Vergera y Velasco, Coordenadas etc., S. 72.

IV. Die Konstruktion der Karte.

Nachdem wir im vorhergehenden Kapitel das kartographische Material kennen gelernt und kritisiert haben, welches für die Darstellung des Alto Chocó überhaupt vorhanden ist, sei im Folgenden noch kurz angedeutet, was davon bei der Konstruktion meiner Karte benutzt worden ist und in welcher Weise es Verwendung gefunden hat. Bei dieser Betrachtung folgen wir wie im vorigen Kapitel zunächst der großen Längsfurche des Chocó von Norden nach Süden, dann der Westseite derselben und endlich ihrer Ostseite von Süden nach Norden.

A. Die Sohle der großen Längsfurche.

Die atlantische Küste des Alto Chocó wurde nördlich der Linie Punta Candelaria—Punta Turbo nach der britischen Admiralitätskarte Nr. 396 dargestellt, wobei vom Maßstab 1 : 1.000.000 auf den von 1 : 810000 vergrößert werden mußte. Südlich dieser Linie wurde dem Kartenbild des Golfs von Urabá die engl. Seekarte Nr. 2417 (amerik. Nr. 1405) zugrunde gelegt und die Küstenlinie nach dieser ohne Veränderung reduziert.

Der Lauf des Atrato und seiner Delta-Arme wurde bis aufwärts zum Dorfe Vijía del Fuerte nach den drei ersten Blättern der Atratokarte von Selfridge reduziert. Für die Strecke zwischen Vijía del Fuerte und Quibdó wurde das vierte Blatt (plate XV) benutzt, doch waren hier besondere Vorarbeiten für die Benutzbarmachung notwendig, da die beiden Orte nicht, wie Selfridge annimmt, einen Breitenunterschied von 54′, sondern einen solchen von 48′ haben (vergl. S. 27—31). Bei der Konstruktion meiner Karte wurde angenommen, daß Selfridge alle Einzelstrecken seines Krokis des Atrato in diesem Teile gleichmäßig überschätzt hat, oder mit andern Worten, daß seine Karte nicht im Maßstabe von 1 : 80000 ausgeführt ist, wie er angibt, sondern in Wirklichkeit in einem solchen von etwa 1 : 71110. Nachdem ich die Karte von Selfridge mit einem

Gradnetz dieses letzteren Maßstabes versehen hatte, wurde der Atratolauf zwischen Vijía del Fuerte und Quibdó ohne Veränderung reduziert. — Für die Kompaßabweichung des Krokis von Selfridge, das in diesem Teil nur den magnetischen Meridian zeigt, wurde der Wert von 7° 40′ Ost angenommen (vergl. Anm. 79).

Für die Darstellung des Rio Quito und des sog. Isthmus von San Pablo bis zum Ort San Pablo (Isthmina) am Rio San Juan wurde die Karte des Chocó von Trautwine zugrunde gelegt, wobei vom Maßstab 1 : 1405000 auf den von 1 : 810000 vergrößert und gleichzeitig eine Verschiebung des Ortes San Pablo nach Westen um 6′ vorgenommen werden mußte.

Von dem Lauf des San Juan, soweit er innerhalb der großen Längsfurche liegt, wurde der Teil zwischen San Pablo und der Mündung des Tamaná sowie auch das Delta von der Karte Codazzis kopiert; in der Zeichnung des Zwischenstücks, das auch von Codazzi und Trautwine nicht nach wirklichen Aufnahmen dargestellt wurde, mußte eine starke Änderung vorgenommen werden, da der Längenunterschied zwischen der Mündung des Tamaná und dem Beginn des Deltas des San Juan um ca. 15′ größer ist, als er von Codazzi angenommen wurde (vergl. S. 33, 38 u. 51). Naturgemäß mußte die Abänderung ganz willkürlich, wenngleich mit möglichster Anlehnung an Codazzi, zur Ausführung gebracht werden.

An Ortspositionen wurden innerhalb des Längstals des Alto Chocó die folgenden als richtig angenommen und benutzt:

Ort	Breite	Länge	Herkunft.
Muertos Island	8° 8′ 27″.43	76° 47′ 45″.3	Astr. Best. d. amerik. Marine
Turbo (Pisisí)	8° 4′ 56″.1	76° 41′ 55″.5	Astr. Best. v. Michler
Rio Hondo, Mündung,	7° 33′ 34″.2		„ „ „
Riosucio	7° 26′ 16″.6	77° 5′ 40″.5	„ „ „
Napipimündung, südl. Arm	6° 37′ 27″	76° 55′ 45″	Geodät. Übertragung von der Cupicabai
Quibdó	5° 45′	76° 44′	Breite astr. best., Länge aus Kroki
San Pablo (Isthmina)	5° 7′		Astr. Best. d. Halsted.

Als ganz gesichert kann nach dem Obigen nur die Darstellung der atlantischen Küste und des Atrato bis Vijía del Fuerte aufwärts betrachtet werden, während der Talweg der großen Längsfurche von dort bis südwärts zur Mündung des Tamaná wahrscheinlich ziemlich irrtumsfrei gezeichnet und der Rest durchaus hypothetisch ist.

B. Die Westseite der Längsfurche.

Im Westen der Atrato-San Juan-Linie wurde die Küste des Stillen Ozeans einfach nach den englischen Seekarten Nr. 2258 und 2267 reduziert und dabei nur eine geringfügige Änderung vorgenommen. Diese bestand darin, daß die Küste an der Humboldt-Bai um 2′ weiter nach Osten verlegt wurde, was in dem Ergebnis einer Reihe von astronomischen Ortsbestimmungen der Michler'schen Expedition begründet ist.

Meine Darstellung des großen Landesteils zwischen dem Atrato — San Juan und dem Stillen Ozean bis nordwärts zu der Linie Bojayá-Mündung — Chirichiri-Bai schließt sich möglichst eng an die Karte von Codazzi an. Eine einfache Kopierung verbot sich dadurch, daß der Längenunterschied zwischen den beiden Flußläufen und der Küste größer ist, als Codazzi annahm. Da dieser Unterschied etwa in den Breiten von San Pablo (Isthmina) und Nóvita am bedeutendsten ist und nach Süden und Norden zu abnimmt, so mußte dementsprechend auf meiner Karte die Darstellung Codazzis am meisten in jenen Breiten auseinandergezerrt werden. Die oberhalb des Bojayá von links her in den Atrato mündenden Flüsse erlitten zudem noch eine Verschiebung ihrer Mündungen von Süden nach Norden, was eine Folge meiner abweichenden Annahme der Position von Quibdó und der dadurch bedingten Umgestaltung in der Darstellung des Atratolaufes ist.

Der Rio Bojayá bis aufwärts zur Mündung des Tacundó und dieser letztere bis zum Einfluß des Cuia wurde nebst diesem selbst ohne Veränderung von der Karte von Selfridge reduziert. Auf gleiche Art wurden der Napipi und sein Nebenfluß Doguadó eingetragen.

Bei der Einzeichnung der Flüsse und Bergzüge zwischen Napipi und Truandó wurde möglichst enge Anlehnung an Codazzi erstrebt. aber die notwendige Berichtigung von Codazzis Darstellung des Napipi und Truandó machte auch eine Änderung in der Eintragung der zwischenliegenden Flüsse erforderlich; bei dem vollständigen Mangel wirklicher Aufnahmen konnte diese nur ganz willkürlich erfolgen.

Der Truandó und die aufgenommene Strecke seines Nebenflusses Nercua wurden ohne Veränderung von der Karte Michlers reduziert.

Die nördlich des Truandó fließenden Flüsse Salaquí, Hondo, Tejerí, La Bolsa und Rayo sind nach den Angaben der Karte

„Panamá to Pavarandocito“ der Interkontinentalen Eisenbahn dargestellt, ohne daß eine Kritik möglich gewesen wäre.

Der ganze sich nördlich anschließende Teil des Alto Chocó, d. h. das zwischen dem Atrato und Golf von Urabá einerseits und dem Stillen Ozean anderseits im Norden des Parallels von 7° 30′ n. Br. gelegene Gebiet, ist auf meiner Karte eine einfache Reduktion der „Carte du Darien Méridional“ von Lucien N. B. Wyse.

Folgende astronomischen Ortsbestimmungen wurden für die kartographische Darstellung der Westseite des Längstals des Alto Chocó benutzt:

Ort	Nördl. Breite	Länge westl. Gr.
Isla de Paracuchichi, Südspitze,	7° 2′ 59,6″	77° 39′ 59″
Hütte am Nercua,	7° 6′ 37,5″	77° 33′ 18,4″
Fuß der Katarakte des Truandó	7° 4′ 31,5″	77° 25′ 25,3″
Tocome (indian. Dorf am Truandó)	7° 9′ 54,6″	77° 15′ 38,2″
„Erstes Lager Michlers am Truandó“	7° 9′ 27,5″	

Es ist aus dem Vorstehenden ohne weiteres ersichtlich, daß die Konstruktion der Karte der Westseite des großen Längstals zum allergrößten Teil auf noch viel unsicheren Grundlagen beruht als unsere Darstellung des Talwegs der großen Längsfurche. Namentlich ist hervorzuheben, daß von allen Gebirgszügen, soweit sie nicht etwa von der Küste aus sichtbar sind, nur einzelne Punkte bekannt sind; eine Ausnahme von dieser Regel macht nur die Isthmuskordillere nördlich von den Quellen des Peranchito, die infolge der vielen Winkelmessungen von Lucien N. B. Wyse wenigstens ihrem allgemeinen Verlaufe nach mit leidlicher Sicherheit eingetragen werden kann.

C. Das Gebiet der Westkordillere.

Die Ostseite der großen Längsfurche wurde zwischen dem 4. Grad n. Br. und dem Rio San Agustin (Sipí) nach der Karte von Codazzi dargestellt, wobei folgende Änderungen vorgenommen wurden: An die Stelle der von Codazzi benutzten Humboldtschen Bestimmungen der Orte des Cauca-Tals wurden die richtigeren von W. Reiss gesetzt, aber die Lage der Westkordillere zu diesen Orten möglicht unverändert nach Codazzi gezeichnet. Da nun die fraglichen Orte des Cauca-Tals nach der Bestimmung von Reiss um 11—20 Minuten östlicher liegen als nach der von Humboldt, so ist naturgemäß der Abstand der Westkordillere vom unteren San Juan um die gleiche Strecke größer anzusetzen, als er von

Codazzi angegeben wird. Als Folge davon mußte auf meiner Karte eine nach bloßen Wahrscheinlichkeitsannahmen ausgeführte Abänderung der Flußläufe dieser Gegend eintreten.

Der Abschnitt vom Rio San Agustin bis über den Rio Andagueda hinaus beruht bei meiner Karte auf dem Blatt „La Región del Platino" im Atlas von Vergara y V. Es wurden jedoch von mir alle Orte um 7′ weiter nach Norden gerückt; einige Einzelheiten wurden auch der Karte „Las Cabeceras del Atrato" von Vergara y V. (Brisson) entnommen, deren südlicher Teil sich mit dem nördlichen der vorgenannten Karte deckt.

Zum besseren Verständnis des vorhin über das gegenseitige Lagenverhältnis der Westkordillere und des unteren San Juan Gesagten sei hier noch besonders hervorgehoben, daß der von mir mit Vergara y V. als richtig angenommene Abstand des Rio San Juan von der Westkordillere für die Breiten von San Pablo und Nóvita identisch mit der Angabe Codazzis ist; natürlich ist aber auch dort die Gegend als Ganzes weiter nach Osten gerückt.

Von der schon erwähnten Karte „Las cabeceras del Atrato" von Vergara y Velasco konnte ein schmaler Streifen zu beiden Seiten der Linie Quibdó-Bolívar ohne Änderung übernommen werden, wobei vom Maßstab 1:875000 auf den von 1:810000 vergrößert werden mußte. Soweit als möglich wurde auch für die Gegend südlich dieser Linie bis zum Bereich der Karte „La Región del Platino" der Darstellung Vergara y Velascos gefolgt, aber dieser letztere hat hier sowohl den Breitenunterschied zwischen den Örtlichkeiten des nördlichen und südlichen Kartenrandes wie auch den Längenunterschied zwischen denen des östlichen und westlichen unrichtig angenommen.

Für das umfangreiche Gebiet des Rio Murri und des Rio Arquia wurde die Karte „Las hoyas del Murrí y El Arquia" des Atlas von Vergara y Velasco zugrunde gelegt. Nur unwesentliche Änderungen ergaben sich daraus, daß die Mündung des Murri in dem Atrato um einige Minuten nach Süden verlegt werden mußte, und daß der Abstand dieses Punktes von dem unter gleicher Breite liegenden Stück des Kammes der Westkordillere von Vergara y Velasco um ein paar Minuten zu groß angenommen ist.

Meine Darstellung des Tals des Rio Sucio setzt sich aus drei Elementen zusammen.

Der Lauf des Rio Sucio und des Rio Cañasgordas wurden nach den Plänen der Interkontinentalen Eisenbahn reduziert;

ein entsprechender Teil des Fehlers von $2^1/_2$ Minuten für die Breite und von $3^1/_3$ Minuten für die Länge von Antioquia, der sich aus der Übertragung der Position von Riosucio auf Antioquia vermittels der Eisenbahnpläne ergibt, wurde auf den innerhalb des Chocó liegenden Teil der Aufnahmelinie zwischen beiden Orten verteilt und ausgeglichen. Dieser Teil der Aufnahmelinie ist identisch mit dem Bett des Rio Sucio und Rio Cañasgordas.

Das Tal des Rio Sucio zu beiden Seiten des Flußlaufes wurde in dem Stück oberhalb Dabeiba auf meiner Karte von dem Blatt „Frontino“ des Atlas von Vergara y Velasco reduziert.

In dem Stück unterhalb Dabeiba wurden die topographischen Verhältnisse abseits des Flußbettes nach der Karte von Codazzi wiedergegeben. Hier wurden vielfache Änderungen dadurch nötig, daß die Richtung der großen Windungen des Rio Sucio und infolgedessen auch die seiner Nebenflüsse und der anstoßenden Bergzüge eine ganz andere ist, als Codazzi sie angenommen hat.

Der ganze Rest des Alto Chocó nördlich des Einzugsgebiets des Rio Sucio wurde von mir nach der Karte „El Rio León y las cabeceras del Sinú“ im Atlas von Vergara y Velasco dargestellt. Dabei wurde berücksichtigt, daß auf dieser Karte der Breitenunterschied zwischen dem Golf von Urabá und dem Rio Sucio um 18 Minuten zu hoch angenommen ist; für eine weitere Kritik fanden sich keine Anhaltspunkte.

Fast alle für die Darstellung der östlichen Seite des großen Längstals des Alto Chocó von mir herangezogenen und vorstehend genannten Karten reichen nicht ganz an den vom Atrato, Quito und San Juan eingenommenen Talweg hinan, sondern lassen bis zu diesem noch ein Stück frei. Die Ausfüllung dieser Lücken erfolgte überall nach der Karte von Codazzi.

Astronomische Ortsbestimmungen von genügender Sicherheit, um ihre Verwendung ratsam erscheinen zu lassen, konnten an der Chocóseite der Westkordillere überhaupt nicht zur Verwertung gebracht werden. Von Ortspositionen außerhalb unseres Gebietes, die für meine Karte Bedeutung haben, seien hier nur zwei genannt:

Ort	Nördl. Breite	Westl. Länge
Bolívar	5° 53′ 45″	76° 2′ 20″
Antioquia . . .	6° 36′	75° 53′ 20″

In Bezug auf kartographische Darstellbarkeit sehen wir einen bemerkenswerten Gegensatz zwischen der Westseite und der Ostseite des großen Längstals. Während wir dort neben einer beschränkten Anzahl mit absoluter Sicherheit bestimmter Linien und Punkte fast lauter völlig aufs Geratewohl eingezeichnete Kartenelemente finden, sind hier zahlreiche Flußläufe und Bergzüge in großen Umrissen bekannt, aber ihnen steht als einzige ziemlich gesicherte Linie nur der Rio Sucio-Cañasgordas gegenüber.

D. Projektion und Maßstab der Karte.

Meine Karte wurde entworfen in der Sanson-Flamsteadschen flächentreuen Projektion.

Die dadurch ermöglichte Flächenberechnung des Alto Chocó wurde in der Weise ausgeführt, daß die Zahl der Fünfminutenfelder innerhalb jeder von zwei um 30 Minuten voneinander abstehenden Breitenparallelen begrenzten Kugelzone bestimmt und mit dem Mittelwert multipliziert wurde, der sich zwischen den Flächeninhalten des kleinst- und größtmöglichen Fünfminutenfeldes jeder Kugelzone ergab. Die geringen hierbei entstehenden Ungenauigkeiten sind praktisch ohne Bedeutung, da der Flächeninhalt des Alto Chocó wegen der vielfach noch unbestimmten Grenzen doch nur als Näherungswert angegeben werden kann (s. S. 9).

Als Maßstab wurde derjenige der Karte Codazzis (M. Ponce de León y M. M. Paz) nämlich 1:810000, zur Anwendung gebracht, um auf diese Weise die Unterschiede zwischen beiden Darstellungen um so leichter in die Augen fallen zu lassen.

Schlußbemerkung.

Es bedarf nach dem bisher Gesagten wohl kaum noch einer besonderen Hervorhebung, daß meine neue Karte des Alto Chocó weit davon entfernt ist, auf volle Korrektheit Anspruch zu machen; sie enthält immer noch ausgedehnte Flächen, deren Kartenbild schon durch die Ausführung einer bloßen Routenaufnahme ein gänzlich verändertes Aussehen erhalten kann. Immerhin kann sie sich vor ihren Vorgängerinnen wohl des Vorzugs rühmen, daß sie erstens weniger Fehler enthält als jene, und daß sie zweitens einen Begleittext besitzt, der den Benutzer auf jede vermutliche Unrichtigkeit aufmerksam macht und ihn dadurch vor Irreführung durch die Karte schützt. Die Aussonderung der gesicherten Kartenelemente aus der Menge der ungewissen und die Kennzeichnung der letzteren war das Ziel meiner Arbeit, und dieser Zweck ist durch das Vorstehende hoffentlich erreicht.

FSC
www.fsc.org
MIX
Papier | Fördert gute Waldnutzung
FSC® C083411

Zeitfracht Medien GmbH
Ferdinand-Jühlke-Straße 7
99095 Erfurt, Deutschland
produktsicherheit@kolibri360.de